U0531840

中国互联网发展报告

网络安全篇（2017—2022）

中国网络空间研究院 编著

商务印书馆
The Commercial Press

图书在版编目（CIP）数据

中国互联网发展报告.网络安全篇：2017—2022 / 中国网络空间研究院编著.— 北京：商务印书馆，2023
ISBN 978－7－100－23005－6

Ⅰ.①中… Ⅱ.①中… Ⅲ.①互联网络—研究报告—中国—2017-2022　Ⅳ.①TP393.4

中国国家版本馆 CIP 数据核字（2023）第175895号

权利保留，侵权必究。

封面设计：薛平　昊楠

中国互联网发展报告
网络安全篇（2017—2022）
中国网络空间研究院　编著

商 务 印 书 馆 出 版
（北京王府井大街36号　邮政编码100710）
商 务 印 书 馆 发 行
山 东 临 沂 新 华 印 刷 物 流
集 团 有 限 责 任 公 司 印 刷
ISBN　978－7－100－23005－6

2023年12月第1版　　　开本 710×1000　1/16
2023年12月第1次印刷　印张 14½
定价：108.00元

前言

网络安全是国家安全的重要组成部分。习近平总书记指出，"网络安全牵一发而动全身，深刻影响政治、经济、文化、社会、军事等各领域安全。没有网络安全就没有国家安全，就没有经济社会稳定运行，广大人民群众利益也难以得到保障"。维护网络安全事关国家稳定繁荣发展，事关网络强国建设大局，事关广大网民根本利益。党的十八大以来，在习近平新时代中国特色社会主义思想特别是习近平总书记关于网络强国的重要思想指引下，我国网络安全工作取得历史性成就。网络安全顶层设计不断完善，网络安全战略体系、政策体系、法治体系持续健全，网络安全保障能力全面提升，开创了筑牢国家网络安全屏障的崭新局面。

2017 至 2022 年，我们连续六年编撰并出版《中国互联网发展报告》，客观记录中国网络安全、数字经济发展、网络法治建设等情况。在此基础上，网络安全研究所系统梳理网络安全发展情况，编撰《中国互联网发展报告·网络安全篇（2017—2022）》（以下简称《报告》），全面展现六年来中国网络安全发展历程，回顾过去、总结经验、把握规律、指导实践，为读者了解和研究中国网络安全发展提供较为丰富的资料和翔实的数据。《报告》主要有以下特点：

1. 贯通过去和现实，系统勾勒新时代中国网络安全发展脉络和清晰图景。审视我们所面临的安全威胁，最现实的、日常大量发生的不是来自海上、陆地、领空、太空，而是来自被称为"第五疆域"的网络空间。深刻认识网络安全风险、有力维护网络空间安全，已成为我们必须面对和解决的重大安全课题。《报告》着眼于新形势，我国网络安全相关理论生成、重要法规政策、重大成就展示，坚持纵向展开与横向铺叙相结合，全景式回顾了自 2017 年以来中国网络安全发展主流脉络，系统总结了中国网络安全六年发展成就，对我国网络安全工作不平凡的发展历程做了全方位呈现、立体化展示。

2. 以实践为导向，多角度展现中国网络安全发展的生动案例和鲜活实践。2017 至 2022 年中国网络安全工作的创新性实践为《报告》编写提供了丰富的素材、翔实的案例和坚实的基础。《报告》立足于中国网络安全六年发展实践，详细分析了关键信息基础设施保护、数据安全管理、打击网络违法犯罪专项行动、一流网络安全学院建设示范项目、国家网络安全宣传周等系列突出成果，重点阐述了六年来相关领域的最新进展、主要做法和发展趋势，系统展现了国家网络安全防护网越织越牢的鲜活实践和中国经验。

3. 坚持科学思维，始终把准确、客观、全面作为撰写《报告》的基本原则和工作准则。在《报告》编写过程中，坚持突出科学性、权威性、精准性，把 2017 至 2022 年《中国互联网发展报告》作为《报告》编写的基本依据和研究基础，综合权威性、时效性等因素，择优采集官方、行业、研究机构三大类数据来源为补充分析蓝本，着力保障报告数据的准确性，力图客观准确反映六年来我国网络安全发展水平。同时坚持内容的全面性，对我国网络安全顶层设计、网络安全法治建设、网络安全产业技术发展、网络安全人才培养、全民网络安全意识提升、网络安全国际交流与合作方面等进行多角度全面研究，强化思想性、理论性、概括性。

希望《报告》的编写和出版能够为中国网络安全发展注入新动力，为读者理解和认识中国网络安全发展脉络提供全景视角和全新窗口，为政府部门、科研院所、社会组织、互联网企业等进一步筑牢网络安全屏障提供参考。

中国网络空间研究院

2023 年 11 月

目 录

第一章 2017—2022年中国网络安全发展情况 ... 1

1.1 网络安全发展情况概述 ... 2

1.1.1 网络安全"四梁八柱"基本建立 ... 3
1.1.2 网络安全保障与防护能力持续加强 ... 3
1.1.3 网络安全产业与技术蓬勃发展 ... 4
1.1.4 网络安全人才培养能力与全民意识显著提升 ... 5
1.1.5 网络安全国际交流与合作持续加强 ... 6

1.2 全国各省、自治区和直辖市网络安全发展情况 ... 7

第二章 国家网络安全"四梁八柱"基本建立 ... 10

2.1 网络安全工作体制机制持续完善 ... 10

2.1.1 国家顶层设计和全面布局不断加强 ... 11
2.1.2 网络安全工作机制建设稳步推进 ... 12

2.2 网络安全战略规划持续布局 ... 13

2.2.1 网络安全总体战略引领加强 ... 13
2.2.2 网络安全政策规划覆盖面不断拓展 ... 14

2.3 网络安全法律法规体系加快完善 ... 16

2.3.1 网络安全法律体系基本形成 ... 16
2.3.2 配套性法规及规范性文件逐步细化 ... 19

2.4 网络安全标准化工作扎实推进 ... 19

2.5 网络安全保障服务支撑力量显著增强 24

第三章 网络安全保障与防护能力持续加强 29

3.1 网络安全综合保障水平稳步提升 30

  3.1.1 关键信息基础设施保护工作加速推进 30

  3.1.2 网络安全等级保护制度全面优化 30

  3.1.3 数据安全和个人信息保护工作逐步强化 33

  3.1.4 网络安全审查制度建立健全 35

  3.1.5 云计算服务安全评估工作持续开展 36

  3.1.6 网络关键设备安全认证和安全检测制度日趋完善 37

  3.1.7 国家网络安全事件应急工作格局基本形成 38

  3.1.8 密码安全管理工作再上新台阶 38

  3.1.9 网络安全漏洞管理水平持续提升 41

  3.1.10 新技术新应用网络安全保障能力不断加强 42

3.2 网络安全事件处置和专项治理工作深入推进 45

  3.2.1 公共互联网网络安全威胁治理持续开展 45

  3.2.2 APP违法违规收集使用个人信息专项治理扎实推进 46

  3.2.3 全国打击治理电信网络诈骗违法犯罪取得明显成效 49

  3.2.4 网络黑产集中治理工作深入推进 52

  3.2.5 "净网"专项行动持续开展 53

  3.2.6 依法严惩涉疫情网络违法犯罪行为 55

  3.2.7 多措并举防范处置勒索软件威胁 56

第四章 网络安全产业与技术蓬勃发展 57

4.1 网络安全产业发展环境不断优化 57

  4.1.1 网络安全产业政策持续完善 57

  4.1.2 网络安全产业园区建设初见成效 58

		4.1.3 国家网络安全教育技术产业融合发展试验区建设积极推进 60

4.2 网络安全市场快速发展 61

  4.2.1 网络安全市场规模不断增长 61

  4.2.2 网络安全资本市场略有波动 62

  4.2.3 网络安全投融资发展较快 62

  4.2.4 网络安全行业竞争加剧 63

4.3 网络安全技术创新综合能力稳步提升 65

  4.3.1 网络安全技术发展有序推进 65

  4.3.2 网络安全技术产品体系逐步完善 66

4.4 网络安全行业组织助力产业发展 68

第五章　网络安全人才培养能力与全民意识显著提升 71

5.1 网络安全人才需求持续扩大 71

5.2 网络安全人才培养不断加大 72

  5.2.1 网络安全学科建设逐步完善 72

  5.2.2 一流网络安全学院建设示范项目成效显著 74

  5.2.3 网络安全职业教育不断强化 76

  5.2.4 网络安全人才奖励机制持续完善 77

  5.2.5 国家网络安全人才与创新基地建设取得积极进展 78

  5.2.6 网络安全赛事加强人才队伍交流 79

  5.2.7 多措并举拓展网络安全人才培养模式 80

5.3 全民网络安全意识明显提升 81

  5.3.1 持续举办国家网络安全宣传周 81

  5.3.2 广泛开展网络安全法等宣传学习活动 82

  5.3.3 各地各部门积极开展丰富多彩的网络安全教育活动 83

  5.3.4 网民对网络安全感满意度评价稳步提升 84

第六章 网络安全国际交流与合作持续加强 86

6.1 积极参与联合国框架下的网络安全合作 87
- 6.1.1 联合国互联网治理论坛 87
- 6.1.2 信息社会世界峰会 88
- 6.1.3 联合国信息安全政府专家组和开放式工作组 89

6.2 致力于推动多边框架下的网络安全交流合作 89
- 6.2.1 推动金砖国家框架下的网络安全合作 89
- 6.2.2 深度参与上海合作组织网络安全进程 90
- 6.2.3 倡导二十国集团承担数字治理责任 91
- 6.2.4 加强澜沧江—湄公河区域合作 92
- 6.2.5 推进网络安全应急机构之间的合作 93

6.3 广泛参与双边框架下的网络安全治理 94
- 6.3.1 中国与美国 94
- 6.3.2 中国与欧盟 95
- 6.3.3 中国与俄罗斯 95
- 6.3.4 中国与德国 96
- 6.3.5 中国与法国 97
- 6.3.6 中国与英国 97
- 6.3.7 与共建"一带一路"国家合作 97

6.4 创办世界互联网大会 深入开展网络安全交流合作 99

附录一 | 重要法律法规目录 107

附录二 | 网络安全标准目录 109

附录三 | 2017—2022年中国网络安全大事记 121

附录四 | 2017—2022年主要法律法规 137

中华人民共和国网络安全法 137

目 录

中华人民共和国密码法 151

中华人民共和国数据安全法 158

中华人民共和国个人信息保护法 166

关键信息基础设施安全保护条例 179

网络数据安全管理条例（征求意见稿） 187

网络安全审查办法 207

数据出境安全评估办法 211

互联网信息服务算法推荐管理规定 215

后记 221

第一章

2017—2022年中国网络安全发展情况

纵观人类社会发展历程，每一次重大技术革新，都会给国家安全带来新的挑战。当前，新一轮科技革命和产业变革加速演进，信息革命时代潮流席卷全球，网络安全威胁和风险日益突出，并且向政治、经济、文化、社会、生态、国防等领域传导渗透，网络安全风险激增，新情况新问题新挑战层出不穷，深刻影响全球经济格局、利益格局、安全格局。[1]网络安全与信息化是事关国家安全和国家发展、事关广大人民群众工作生活的重大战略问题，要从国际国内大势出发，总体布局，统筹各方，创新发展，努力把我国建设成为网络强国。[2]

党的十八大以来，以习近平同志为核心的党中央从进行具有许多新的历史特点的伟大斗争出发，重视互联网、发展互联网、治理互联网，统筹协调涉及政治、经济、文化、社会、军事等领域网络安全和信息化重大问题，提出了建设网络强国的战略目标，并从信息时代发展大势和国内国际发展大局出发，紧密结合中国互联网发展治理实践，就网络安全和信息化工作提出了一系列具有

---

[1] 《中国网信》杂志发表《习近平总书记指引我国网络安全工作纪实》（2022年9月28日）。
[2] 《在中央网络安全和信息化领导小组第一次会议上的讲话》（2014年2月27日）。

开创性意义的新思想新观点新论断，系统回答了为什么要建设网络强国、怎样建设网络强国的重大理论和实践问题，形成了内涵丰富、科学系统的习近平总书记关于网络强国的重要思想。习近平总书记关于网络强国的重要思想，明确了网信工作在党和国家事业全局中的重要地位，明确了网络强国建设的战略目标，明确了网络强国建设的原则要求，明确了互联网发展治理的国际主张，明确了做好网信工作的基本方法。这一重要思想是习近平新时代中国特色社会主义思想的"网络篇"，是对中国特色治网之道的科学总结和理论升华，是引领网信事业发展的思想指南和行动遵循，在中国网信事业发展的生动实践中日益彰显出强大力量，指引网络安全和信息化各项工作扎实有力推进，我国正从网络大国向网络强国阔步迈进。

思想是观念组成的。习近平总书记以哲学视野和辩证思维就网络安全提出"没有网络安全就没有国家安全""网络安全和信息化是一体之两翼、驱动之双轮"等一系列新思想新观点新论断，把网络安全提升到国家安全的层面，就如何做好国家网络安全工作提出明确要求、做出重要指示，构成了科学、系统、完备的理论体系，为网络安全工作提供了根本遵循。在习近平总书记关于网络强国的重要思想的指引下，中国网络安全顶层设计的"四梁八柱"基本建立，网络综合治理体系基本建成，网络安全保障体系和能力不断加强，网络安全屏障更加巩固，有力维护了国家主权、安全、发展利益。

1.1 网络安全发展情况概述

2017年以来，在习近平新时代中国特色社会主义思想特别是习近平总书记关于网络强国的重要思想指引下，我国网络安全工作取得历史性成就、发生历史性变革。国家网络安全顶层设计不断优化，网络安全"四梁八柱"基本建立。网络安全政策法规和制度标准体系不断健全，网络安全保障与防护能力持续加强。网络安全产业与技术蓬勃发展，人才培养能力与全民网络安全意识显著提升，广大人民群众在网络空间的获得感、幸福感、安全感不断提升。网络安全国际交流与合作持续加强，为维护国家网络空间主权、安全和发展利益提供坚实保障。

1.1.1 网络安全"四梁八柱"基本建立

习近平总书记指出,网络安全和信息化是事关国家安全和国家发展、事关广大人民群众工作生活的重大战略问题,要从国际国内大势出发,总体布局,统筹各方,创新发展,努力把我国建设成为网络强国。党的十八届三中全会通过《中共中央关于全面深化改革若干重大问题的决定》,提出坚持积极利用、科学发展、依法管理、确保安全的方针,加大依法管理网络力度,加快完善互联网管理领导体制,确保国家网络和信息安全。

六年来,我国网络安全工作机制体制不断完善,强化网络安全工作的顶层设计、总体布局、统筹协调、整体推进和督促落实,建立中央、省、市三级网信管理工作体系,推进落实党委(党组)网络安全工作责任制,推动健全网络安全等级保护、关键信息基础设施保护、网络安全审查、网络安全风险评估和应急等工作机制。网络安全战略规划持续布局,在总体国家安全观的指引下,各部门深入贯彻党中央关于网络安全工作重要部署,深入实施《国家网络空间安全战略》及相关政策规划文件,统筹规划当前及今后网络安全工作。网络安全法律法规体系加快完善,确立了适合中国国情的网络安全法律制度,相继出台了《中华人民共和国网络安全法》(以下简称网络安全法)、《中华人民共和国数据安全法》(以下简称数据安全法)、《中华人民共和国个人信息保护法》(以下简称个人信息保护法)等多项法律文件,形成了由法律法规、部门规章、配套法规等多个层级,规范较为全面、结构较为合理、内容较为完整的法规框架体系。网络安全标准化工作扎实推进,建设较为完备的网络安全国家标准体系,提升标准国际化水平。网络安全保障服务支撑力量显著增强。我国网络安全相关单位成长壮大,相互合作、相互联合不断增强,提供强有力的思想理论、科学研究、人才智力、技术保障支撑。

1.1.2 网络安全保障与防护能力持续加强

习近平总书记指出,要筑牢网络安全防线,提高网络安全保障水平,强化关键信息基础设施防护,加大核心技术研发力度和市场化引导,加强网络安全预警监测,确保大数据安全,实现全天候全方位感知和有效防护。六年来,中国网络安全保障和防护工作扎实推进，网络安全保障与防护能力持续提升。

网络安全法、数据安全法、个人信息保护法等法律法规的深入实施，为中国关键信息基础设施安全保护、网络安全等级保护、数据安全管理、个人信息保护、新技术新应用安全评估、网络安全事件应急、密码安全管理、打击网络违法犯罪等一系列工作提供了有力指导。《关键信息基础设施安全保护条例》正式施行，配套标准规范密集出台，关键信息基础设施安全保护工作加速推进。网络安全等级保护制度全面优化，各领域各行业深入推进落实网络安全等级保护制度。数据安全和个人信息保护工作逐步强化，APP违法违规收集使用个人信息专项治理成效显著，侵犯公民个人隐私信息等网络黑灰产得到有效遏制。网络安全审查制度建立健全，对可能带来国家安全风险的相关运营者开展网络安全审查，有效防范国家数据安全风险，维护国家安全，保障公共利益。各方持续推动云安全评估工作，加强云计算服务安全管理，防范云计算服务安全风险，为提升云平台安全发挥了重要作用。网络关键设备安全认证和安全检测制度日趋完善，中国网络关键设备采取依标生产、安全认证和安全检测制度，有效减少恶意利用所造成的危害。密码管理相关法律法规相继出台，有力提升密码管理科学化、规范化、法治化水平。国家网络安全事件应急工作格局基本形成，提高应对网络安全事件的能力。国家不断完善漏洞管理体系，提升漏洞整体研究水平和预防处置能力，持续开展公共互联网网络安全威胁治理，多措并举防范勒索软件威胁。

1.1.3 网络安全产业与技术蓬勃发展

习近平总书记强调，没有强大的网络安全产业，国家网络安全就缺乏支撑；没有强大的网络安全企业，就形成不了强大的网络安全产业。网络安全产业是网络安全发展的底座。六年来，我国网络安全营商环境不断优化，网络安全政策更加透明公开，重大项目相继落地，市场准入隐性壁垒逐步打破，市场主体活力充分激发，营商环境的市场化便利化大幅提高；企业合规意识明显提升，不断加强网络安全合规体系建设，强化网络安全人力物力保障，促进网络安全合规需求释放；网络安全市场蓬勃发展，2022年网络安全市场规模达633亿元，较五年前翻了一番；网络安全资本市场形势向好，投融资持续活跃；网络安全产业园和教育技术产业融合发展试验区建设不断推进，探索网络安全教育技术产业融合发展的新机制新模式，首批5家国家网络安全教育技术产业融合发展试验区授牌，推动在全国范围内形成网络安全人才培养、技术创新、产业发展的良好生态；网络安全产品和服务体系日益完备，覆盖基础安全、基础技术、安全系统、安全服务等多个维度，产业活力日益增强；网络安全技术应用示范试点扎实推进，重点引导支持网络安全防护、网络安全监测预警、网络安全应急处置、网络安全检测评估、新技术新应用安全等示范项目，促进网络安全先进技术协同创新和应用部署；网络安全产业相关行业协会初具规模，各地行业组织协会覆盖面不断扩大，充分发挥了参谋助手和桥梁纽带作用，助力网络安全产业与技术快速发展，为筑牢国家网络安全屏障提供有力产业保障。

1.1.4 网络安全人才培养能力与全民意识显著提升

习近平总书记强调"网络空间的竞争，归根结底是人才竞争""要下大功夫、下大本钱，请优秀的老师，编优秀的教材，招优秀的学生，建一流的网络空间安全学院"。六年来，我国网络安全人才培养力度不断加大、成效显著，制定出台《关于加强网络安全学科建设和人才培养的意见》，强化网络安全人才培养宏观指导和政策统筹；增设网络空间安全一级学科，加快网络空间安全高层次人才培养；实施一流网络安全学院建设示范项目，11所高校入选为一流网络安全学院建设示范高校，实现了从本科到硕士、博士的网络安全人才一体化培养；网络安全人才奖励激励机制持续完善，设立网络安全专项基金，开展网络安全优秀教材、优秀教师等评选活动，奖励各类网络安全优秀人才近千人；加强网络安全职业教育，网络安全人才教育培养体系持续优化；国家网络安全人才与创新基地建设取得积极进展；网络安全赛事加强人才队伍交流，多措并举拓展网络安全人才培养模式；在全国范围举办国家网络安全宣传周，坚持网络安全为人民、网络安全靠人民，广泛开展网络安全进社区、进农村、进企业、进机关、进校园、进军营、进公园的"七进"等活动，以通俗易懂的语言、群众喜闻乐见的形式，宣传网络安全理念、普及网络安全知识、推广网络安全技能，形成共同维护网络安全的良好氛围；围绕网络安全领域新政策、新举措、新成效，针对个人信息保护、数据安全治理、电信网络诈骗犯罪、青少年健康上网等社会热点问题，开展常态化网络安全宣传教育工作，全社会网络安全意识和能力显著提高，广大人民群众在网络空间的获得感、幸福感、安全感不断提升，为维护国家网络空间主权、安全和发展利益筑牢可靠的人民防线。

1.1.5　网络安全国际交流与合作持续加强

党的十八大以来，习近平总书记创造性提出构建网络空间命运共同体的理念主张，全面系统深入地阐释了全球互联网发展治理的一系列重大理论和实践问题，为网络空间的未来擘画了美好愿景、指明了发展方向。构建网络空间命运共同体日益成为国际社会的广泛共识和积极行动，不断彰显出造福人类、影响世界、引领未来的强大力量。

六年来，中国在全球网络安全领域积极开展国际交流合作，与国际社会一道共同应对网络安全所面临的挑战，推动建立了一系列务实有效的国际互信对话机制。积极参与联合国框架下的论坛、会议以及联盟组织的网络安全国际治理和网络空间国际规则制定，建设性参与联合国信息安全开放式工作组和政府专家组，倡导各国制定全面、透明、客观、公正的供应链安全风险评估机制。积极参与全球联合打击网络恐怖主义、网络犯罪等非传统安全事务，在保护世界人民生命安全、财产安全上有力履行大国责任。积极开展双边、多边国际交流合作，推动建立了一系列务实有效的国际互信对话机制。积极参与金砖国家、上海合作组织（以下简称上合组织）、二十国集团（英文简称G20）等多边机制下的网络安全相关工作，持续推进与世界各国网络空间的深度合作，开辟国际交流的新通道，搭建起灵活、多元的网络空间国际治理合作对话体系，全面展现中国积极参与网络安全国际合作及相关规则制定的责任担当。推动中国治网主张成为国际共识，网络空间国际话语权和影响力显著提升。2020年9月，中国提出《全球数据安全倡议》，为维护全球数据和网络安全提出建设性解决方案。积极推进中美、中欧、中俄等双边网络安全的交流与合作，开展共建"一带一路"国家网络安全合作，共同致力于网络安全应急、数据安全和个人信息保护、打击网络犯罪等方面的合作，与各国携手构建多边、民主、透明的全球互联网治理体系。

1.2 全国各省、自治区和直辖市网络安全发展情况

《中国互联网发展报告》自2017年起开始发布中国互联网发展指数。中国互联网发展指数以习近平总书记关于网络强国的重要思想为指导，旨在通过构建客观、真实、准确的综合评价指标体系，对全国各省、自治区和直辖市（不含港澳台地区，下同）互联网发展成效和水平进行综合评估，为各地进一步明确互联网发展的战略目标和重点，准确把握自身的比较优势、地域优势和发展优势，推动网信事业朝着网络强国建设目标迈进提供参考依据。

中国互联网发展指数涵盖了基础设施建设、创新能力、数字经济发展、数字社会发展、网络安全和网络治理六个方面，全面展现全国31个省、自治区和直辖市的互联网发展状况，为各省、自治区和直辖市互联网发展提供可量化的参考依据。2017年以来，我们综合考虑各地互联网发展的具体情况，充分吸纳了国家有关部门、部分省区市、网信智库、相关领域专家的意见，对指标体系进行了不断更新和完善。2022年，在保持原有指标基本不变的前提下，结合最新情况对一级指标进行调整，用"数字社会发展指数"替换原"互联网应用指数"一级指标，并根据一级指标的情况对二级指标做相关调整。同时，在权重上适当增加数字经济发展指数的比重。中国互联网发展指标体系见表1-1。

表1-1 中国互联网发展指标体系

一级指标	二级指标	指标说明
基础设施建设指数	宽带基础设施	各地互联网宽带接入人均端口数量、千兆宽带用户占比、固定宽带网络速率、农村及偏远地区宽带网络覆盖率等
	移动基础设施	5G网络用户下载速率、5G用户占比、5G基站总数占比等
	应用基础设施	IPv6活跃终端占比、物联网终端数量占比等

续表

一级指标	二级指标	指标说明
创新能力指数	创新环境	上市网信企业数量、万人累计孵化企业数量等
	创新投入	科学研究与试验发展（R&D）经费支出占GDP的比重、企业中的R&D研究人员占比、政府研发投入占GDP的比重等
	创新产出	每万人科技论文数量、每万人国家级科技成果奖项数量、每万人发明专利拥有量等
数字经济发展指数	基础指标	互联网普及率、电信业务总量、软件和信息技术服务业增加值占GDP的比重等
	产业数字化	关键工序数控化率、工业云平台应用率、农业生产信息化覆盖率、电子商务消费占最终消费支出的比重等
	数字产业化	数字核心产业规模、电子商务交易规模、农产品网络销售额等
数字社会发展指数	公共服务发展	远程医疗覆盖率、电子社保卡覆盖率、公共汽车/电车来车信息实时预报率等
	电子政务建设	政务事项在线办理程度、省级政务微信传播指数、每十万人政务微博认证账号数等
网络安全指数	网络安全环境	被植入木马或僵尸程序的主机IP地址数量、被植入后门及被篡改的网站数量、感染主机占本地区活跃IP地址数量的比重等
	网络安全意识建设	网络安全搜索指数、网络安全周系列活动受众人数占比、网络安全人才培养数量比重等
	网络安全产业发展	网络安全企业数量、网络安全从业人员比重、省级以上网络安全产业园区数量等
网络治理指数	社会协同	网络社会组织数量、网信部门编制人数占比、参与国际交流合作的次数等
	内容治理	开展网络空间专项行动数量、网民举报数量等
	依法治网	出台的网络领域相关战略、政策、法规和规范性文件、互联网新闻信息许可数量等

为确保数据的真实性、完整性、准确性，中国互联网发展指数的评价数据主要来源如下：一是中央网络安全和信息化委员办公室、国家统计局、工业和信息化部（以下简称工信部）、科技部等部门和机构的统计数据；二是各省、自治区和直辖市网信办统计的相关数据；三是相关部门或研究机构发布的研究

报告统计数据。同时，综合考虑各地互联网发展的具体情况，充分吸纳了国家有关部门、部分省区市、网信智库、相关领域专家的意见，进行了更新完善。

在中国互联网发展指标体系中，我们详细构建了网络安全一级指标体系，包括网络安全环境、网络安全意识建设、网络安全产业发展等。各地高度重视网络安全工作，积极提升网络安全防护能力，不断完善健全网络安全应急制度，开展丰富多彩的网络安全宣传活动，积极推进网络安全产业加速发展。2019—2022年在网络安全指数排名前十的省（自治区、直辖市），如表1-2所示。广东、北京、福建、江苏四省（市）在网络安全指数连续四年排在前十。

表1-2 2019—2022年网络安全指数前十的省（自治区、直辖市）

排名	2019年	2020年	2021年	2022年
1	广东省	广东省	北京市	广东省
2	北京市	北京市	广东省	浙江省
3	上海市	江苏省	上海市	江苏省
4	福建省	浙江省	山东省	北京市
5	四川省	上海市	四川省	天津市
6	江苏省	福建省	福建省	山东省
7	浙江省	四川省	江苏省	福建省
8	湖北省	山东省	湖北省	陕西省
9	天津市	湖南省	重庆市	河南省
10	重庆市	河南省	安徽省	江西省

第二章

国家网络安全"四梁八柱"基本建立

习近平总书记指出,网络安全和信息化是相辅相成的,安全是发展的前提,发展是安全的保障,安全和发展同步推进。六年来,我国网络安全工作体制机制不断完善,网络安全战略地位不断提升,网络安全政策规划引领作用不断加强,法律法规和技术标准体系不断健全,网络安全保障和支撑专业机构不断壮大,网络安全各项工作扎实推进。

2.1 网络安全工作体制机制持续完善

近年来,国家政策机构顶层设计建设不断完善,中央网络安全和信息化领导小组改为中央网络安全和信息化委员会,负责重大工作的顶层设计、总体布局、统筹协调、整体推进和督促落实,基本建立了中央、省、市三级网信管理工作体系,部分省市网信部门向区县一级延伸,建立健全网信重大项目会商、重要事项和重大决策督办等协调机制,建立健全网络安全等级保护、关键信息基础设施保护、网络安全审查、网络安全风险评估和应急等工作机制,发挥统筹协调作用,有力推进了网络安全保障能力建设。

2.1.1 国家顶层设计和全面布局不断加强

当今时代，互联网发展日新月异，信息化浪潮席卷全球，中华民族迎来了千载难逢的历史机遇。同时，互联网等信息网络的普及性、互联性、复杂性以及经济社会对信息网络的依赖性不断增强，给国家网络空间安全带来新的风险和挑战，网络安全形势日趋复杂严峻。党的十八大以来，以习近平同志为核心的党中央高度重视网络安全和信息化工作，把党管互联网作为重要政治原则，科学把握互联网管理的全局性、系统性、协同性特点，改革和完善互联网管理领导体制机制，着力加强党中央对网信工作的集中统一领导。2014年2月，中央网络安全和信息化领导小组正式成立，习近平总书记亲自担任组长，亲自领导、亲自指挥、亲自部署，强化网信领域的顶层设计、总体布局、统筹协调、整体推进和督促落实。同时召开的中央网络安全和信息化领导小组第一次会议，明确中央网络安全和信息化领导小组要发挥集中统一领导作用，统筹协调各个领域的网络安全和信息化重大问题，制定实施国家网络安全和信息化发展战略、宏观规划和重大政策，不断增强安全保障能力。

2018年3月，中共中央印发《深化党和国家机构改革方案》，为加强党中央对网信工作的集中统一领导，强化决策和统筹协调职责，将中央网络安全和信息化领导小组改为中央网络安全和信息化委员会，负责网络安全与信息化领域重大工作的总体布局。中央网络安全和信息化委员会的办事机构为中央网络安全和信息化委员会办公室（以下简称中央网信办），与国家互联网信息办公室（以下简称国家网信办）一个机构两块牌子，列入中共中央直属机构序列。中央网信办不断协调推动中央编办和各省（自治区、直辖市）党委省级网信机构建设，基本建立中央、省、市三级网信管理工作体系，不断推进区县级网信机构建设，为网信工作提供坚实的组织保障。

此外，网络安全法规定，国家网信部门负责统筹网络安全工作及相关监督管理工作。国务院电信主管部门、公安部门和其他有关机关在各自职责范围内负责网络安全保护和监督管理工作。数据安全法规定，中央国家安全领导机构负责国家数据安全工作的决策和议事协调，研究制定、指导实施国家数据安全战略和有关重大方针政策，统筹协调国家数据安全的重大事项和重要工作。国家网信部门负责统筹协调网络数据安全和相关监管工作。工业、电信、交通、金融、自然资源、卫生健康、教育、科技等主管部门承担本行业、本领域数据安全监管职责。个人信息保护法规定，国家网信部门负责统筹协调个人信息保护工作和相关监督管理工作。国务院有关部门在各自职责范围内负责个人信息保护和监督管理工作。

2.1.2 网络安全工作机制建设稳步推进

六年来，国家不断完善网络安全各领域、多层级责任体系和协调机制，统筹推进网信领域重要任务、重大项目、重点工程。压实政治责任，制定实施《党委（党组）网络意识形态工作责任制实施细则》《党委（党组）网络安全工作责任制实施办法》，把党管互联网落到实处，推进落实党委（党组）网络安全工作责任制，厘清网络安全责任。各行业、各领域不断积极建立完善网络安全有关工作机制，通过机制建设推进落实网络安全工作。建立健全网络安全风险评估和应急工作机制，印发《国家网络安全事件应急预案》，与各地区、各部门、有关中央企业建立网络安全应急响应机制，及时汇集信息、监测预警、通报风险、响应处置，定期开展应急演练，有效提高应对网络安全事件的能力，预防和减少损失及危害。建立网络安全审查工作机制，将关键信息基础设施运营者采购网络产品和服务，网络平台运营者开展数据处理活动，影响或者可能影响国家安全的纳入审查范围，有效防范安全风险。建立云计算服务安全评估工作协调机制，审议云计算服务安全评估政策文件，协同处理云计算服务安全评估有关重要事项，组织对云计算服务相关内容进行评估，提高党政机关、关键信息基础设施运营者采购使用云计算的安全可控水平。实行网络安全等级保护制度，对网络实施分等级保护、分等级监管，按照相关原则建立健全网络安全防护体系，重点保护涉及国家安全、国计民生、社会公共利益的网络基础设施安全。建立关键信息基础设施保护制度，明确在国家网信部门统筹协调下，国务院公安部门负责指导监督关键信息基础设施安全保护工作。建立网络安全检测预警与信息通报制度，加强网络安全信息收集、分析和通报工作。

同时，积极推动建立健全数据安全审查、风险评估和应急处置等国家数据安全工作机制，将国家网络安全相关工作机制和制度延伸至数据安全领域，推动数据发展与安全事业进入有序安全的发展阶段。

2.2 网络安全战略规划持续布局

六年来，在总体国家安全观的指引下，各部门深入贯彻党中央关于网络安全工作的重要部署，深入实施《国家网络空间安全战略》及《"十三五"国家信息化规划》等战略规划，制定出台《"十四五"国家信息化规划》等文件，从国家层面对当前及今后网络安全工作进行统筹规划，为实现网络强国的战略目标奠定坚实基础。

2.2.1 网络安全总体战略引领加强

党的十八大以来，以习近平同志为核心的党中央着眼全局、把握大势，统筹推进网络安全和信息化工作。2014年2月27日，习近平总书记在中央网络安全和信息化领导小组第一次会议上以"没有网络安全就没有国家安全，没有信息化就没有现代化"的清晰战略，提出建设网络强国的战略目标。2016年4月19日，习近平总书记在网络安全和信息化工作座谈会上发表重要讲话，明确提出要"树立正确的网络安全观"，强调"在信息时代，网络安全对国家安全牵一发动全身，同许多其他方面的安全都有着密切关系"，同时阐明构建国家网络安全保障体系的紧迫性，是我国网络安全战略和实际工作的驱动力和催化剂。2018年4月21日，习近平总书记在全国网络安全和信息化工作会议上发表重要讲话，高度概括了网络强国战略思想"五个明确"的丰富内涵，即明确网信工作在党和国家事业全局中的重要地位、明确网络强国建设的战略目标、明确网络强国建设的原则要求、明确互联网发展治理的国际主张、明确做好网信工作的基本方法。同时，再次强调树立正确的网络安全观，并对加强关键信息基础设施防护、依法严厉打击网络黑客、侵犯公民个人隐私等违法犯罪行为提出要求，对网络安全重点工作做出系统部署，为把握信息革命历史机遇、加强网络安全和信息化工作、加快推进网络强国建设明确了前进方向、提供了根本遵循，具有重大而深远的意义。

2014年4月，习近平总书记在主持召开中央国家安全委员会第一次会议时提出，必须坚持总体国家安全观，以人民安全为宗旨，以政治安全为根本，以经济安全为基础，以军事、文化、社会安全为保障，以促进国际安全为依托，走出一条中国特色国家安全道路。同时，要求构建集政治安全、国土安全、军事安全、经济安全、文化安全、社会安全、科技安全、信息安全、生态安全、资源安全、核安全等于一体的国家安全体系。习近平总书记的这一重要指示，把网络安全上升到了国家安全的层面，为推动我国网络安全体系的建立，树立正确的网络安全观指明了方向。

2015年7月出台《中华人民共和国国家安全法》（以下简称国家安全法），提出"网络空间主权"，明确规定要加强网络管理，维护国家网络空间主权安全和发展利益。网络主权是国家主权在网络空间的体现和延伸，我国坚定主张网络空间活动应坚持主权原则。2016年12月27日，国家网信办正式发布《国家网络空间安全战略》（以下简称《战略》），阐明了中国关于网络空间发展和安全的基本立场和主张，明确了战略方针和主要任务，切实维护国家在网络空间的主权、安全、发展利益，是指导国家网络安全工作的纲领性文件。《战略》重点分析了当前我国网络安全面临的"七种机遇"和"六大挑战"，提出了国家总体安全观指导下的"五大目标"，提出了共同维护网络空间和平安全的"四项原则"，明确了推动网络空间和平利用与共同治理的"九大任务"。2017年3月1日，外交部和国家网信办联合发布《网络空间国际合作战略》，提出我国将在网络安全预警和预防、应急响应、技术创新等领域加强国际合作，以提高网络安全风险的预防和应对能力。2021年11月18日，中共中央政治局会议审议通过了《国家安全战略（2021—2025年）》，要求加快提升网络安全、数据安全、人工智能安全等领域的治理能力。

2.2.2 网络安全政策规划覆盖面不断拓展

面对日益严峻复杂的网络安全总体态势，中国坚持规划先行。在"十三五"时期，国家出台《国家信息化发展战略纲要》，将"维护网络空间安全"作为一项重点任务，提出"维护网络主权和国家安全、确保关键信息基础设施安全、强化网络安全基础性工作"。印发《中华人民共和国国民经济和社会发展第十三个五年规划纲要》，提出"强化信息安全保障"，"统筹网络安全和信息化发展，完善国家网络安全保障体系，强化重要信息系统和数据资源保护，提高网络治理能力，保障国家信息安全"，并将"网络安全保障"作为信息化重大工程的重点内容。发布《"十三五"国家信息化规划》，坚持安全与发展并重，将"健全网络安全保障体系"作为十大主攻方向之一，提出"强化网络安全顶层设计、构建关键信息基础设施安全保障体系、全天候全方位感知网络安全态势、强化网络安全科技创新能力"等重大任务，规划实施"网络安全监测预警和应急处置工程"。

进入"十四五"时期，国际局势错综复杂，新兴市场国家和发展中国家崛起速度之快前所未有，新一轮科技革命和产业变革带来的激烈竞争前所未有，全球治理体系与国际形势变化之大前所未有。世界进入动荡变革期，单边主义、保护主义、霸权主义对世界和平与发展构成威胁，我国信息技术产业链、供应链、创新链的安全性、稳定性受到严峻挑战。2021年3月，十三届全国人大四次会议审议通过《中华人民共和国国民经济和社会发展第十四个五年规划和2035年远景目标纲要》（以下简称《纲要》），作为指导今后五年及十五年国民经济和社会发展的纲领性文件。全文在多个篇章均提及网络安全，将其作为基础保障能力、转型建设内容、国家安全战略进行定位。在建设数字中国章节中，《纲要》将网络安全作为新兴数字产业之一，在"十四五"时期进行重点培育，并强调营造良好数字生态，全面加强网络安全保障体系和能力建设，为网络安全制定更为全面的风险评估审查、监测预警和应急保障措施；保障国家数据安全，加强个人信息保护以及建立数据权属、交易流通、跨境传输和安全保护等基础制度和标准规范，推动数据资源开发利用；推动网络空间国际交流与合作，建立更加公平合理的网络基础设施和网络安全保障合作机制，积极参与数据安全、数字货币等国际规则和技术标准制定，在网络安全稳固坚韧的基础上，使各国共享数字时代的发展红利。2021年12月，国务院印发《"十四五"数字经济发展规划》，坚持统筹发展和安全、统筹国内和国际，提出"着力强化数字经济安全体系",要求"增强网络安全防护能力、提升数据安全保障水平、切实有效防范各类风险"。同月,中央网信办印发《"十四五"国家信息化规划》,坚持安全与发展并重,要求树立科学的网络安全观,切实守住网络安全底线,以安全保发展、以发展促安全,推动网络安全与信息化发展协调一致、齐头并进,统筹提升信息化发展水平和网络安全保障能力。将"防范化解风险,确保更为安全发展"作为主攻方向,提出"强化数据安全保障、培育先进安全的数字产业体系、全面加强网络安全保障体系和能力建设"等重点任务。

2.3 网络安全法律法规体系加快完善

六年来,我国互联网立法工作在网络安全、数据安全、个人信息保护等领域快速推进,制定出台了多项重要网络安全法律法规文件,确立了适合中国国情的网络安全法律制度。目前,在网络安全领域,基本形成了由法律法规、部门规章、配套法规等多个层级,规范较为全面、结构较为合理、内容较为完整的法规框架体系,依法管网治网的格局逐步形成,有力维护了国家网络空间主权、安全和发展利益。

2.3.1 网络安全法律体系基本形成

六年来,国家相继出台多项涉及网络安全的基础法律,其中网络安全法的出台具有里程碑式的意义,是我国首部网络安全领域的基础性、框架性、综合性法律,提出了应对网络安全挑战这一全球性问题的中国方案。

1. 网络安全法

在信息化时代,网络已经深刻地融入了经济社会生活的各个方面,网络安全威胁也随之向经济社会的各个层面渗透,网络诈骗、网络入侵、个人隐私被泄露等事件层出不穷。为保障网络安全,维护网络空间主权和国家安全、社会公共利益,保护公民、法人和其他组织的合法权益,促进经济社会信息化健康发展,2016年11月7日,十二届全国人大常委会第二十四次会议通过了《中华人民共和国网络安全法》，自2017年6月1日起施行。网络安全法共七章79条，明确提出了国家网络主权的概念，规定了国家网络安全工作的基本原则、主要任务和指导思想、理念，明确了政府部门、企业、社会组织和个人的权利、义务和责任。网络安全法明确了网络安全和信息化发展并重的原则，强调保障关键信息基础设施的运行安全，加强对个人信息的保护，对网络运营者的主体的法律责任和义务做出了全面的规定。网络安全法是我国网络安全领域基础性、框架性、综合性法律，具有里程碑式的意义。

2. 数据安全法

随着数字化和全球化进程的不断加快，各类数据活动的全方位融合普及和多样的数据处理需求催生了大量新的发展机遇和新业态应用，同时也带来了大量的数据滥用、数据非法出境等数据安全风险事件。为了规范数据处理活动，保障数据安全，促进数据开发利用，保护个人、组织的合法权益，维护国家主权、安全和发展利益，2021年6月10日，第十三届全国人民代表大会常务委员会第二十九次会议通过《中华人民共和国数据安全法》，自2021年9月1日正式施行。数据安全法作为数据安全领域的最高法，坚持安全与发展并重的原则，在确立"数据安全"首要目标的同时，兼顾"数据开发利用"和"个人、组织的合法权益"。数据安全法共七章55条，规定中央国家安全领导机构负责国家数据安全工作的决策和议事协调等职责，提出建立国家数据安全工作协调机制，重点确立了数据分类分级、数据安全审查、数据出境管理等数据安全保护基本制度，以及数据安全风险评估、报告、信息共享、监测预警和应急处置等机制，形成了我国数据安全的顶层设计。随着数据安全法的正式出台，我国网络安全领域的法律法规体系得到进一步完善，为后续数字安全领域的立法、执法、司法相关实践提供了重要的法律依据。

3. 个人信息保护法

我国是网民最多的国家，截至2022年12月，我国网民规模达10.67亿[1]，个

---

[1] 第51次《中国互联网络发展状况统计报告》。

人信息的收集、处理、使用等活动日益频繁，但违法获取、过度使用，利用个人信息侵扰人民群众生活安宁等问题仍然突出。为了保护个人信息权益，规范个人信息处理活动，促进个人信息合理利用，2021年8月20日，第十三届全国人民代表大会常务委员会第三十次会议通过《中华人民共和国个人信息保护法》，自2021年11月1日正式施行。个人信息保护法共八章74条，将"保护个人信息权益"和"促进个人信息合理利用"作为并行的立法目标，进一步完善个人信息保护应遵循的原则和个人信息处理规则，细化个人信息跨境提供的规则，明确个人信息处理活动中的权利义务，强调网信部门统筹协调的作用，规定了"国务院有关部门依照本法和有关法律、行政法规的规定，在各自职责范围内负责个人信息保护和监督管理工作"。作为个人信息和公民权益保护的制度回应，个人信息保护法熔"个人信息权益"的私权保护与"个人信息处理"的公法监管于一炉，统合私主体和公权力机关的义务与责任，兼顾个人信息保护与利用，是我国个人信息保护领域的基础性立法，是我国个人信息保护立法史的重要里程碑。

4. 其他法律

2020年5月28日，第十三届全国人民代表大会第三次会议通过《中华人民共和国民法典》（以下简称民法典），并于2021年1月1日起正式施行。民法典是新中国成立以来第一部以"法典"命名的法律，是新时代我国社会主义法治建设的重大成果。在网络安全方面，民法典从总则编、人格权编一般性规定及针对个人信息合理使用的具体规定三个层面对个人信息的合理使用进行了规范，完善了对隐私权和民事领域个人信息的保护。

2019年10月26日，十三届全国人大常委会第十四次会议通过《中华人民共和国密码法》（以下简称密码法），该法于2020年1月1日起施行。密码法包括总则、核心密码与普通密码、商用密码、法律责任、附则等五章44条。密码法是总体国家安全观框架下，国家安全法律体系的重要组成部分，其颁布实施将极大提升密码工作的科学化、规范化、法治化水平，有力促进密码技术进步、产业发展和规范应用，切实维护国家安全、社会公共利益以及公民、法人和其他组织的合法权益。

2021年6月1日，修订后的《中华人民共和国未成年人保护法》（以下简称未成年人保护法）正式施行，增设"网络保护"专章，对未成年人网络保护及个人信息保护等做出专门规定，为我国未成年人网络保护工作提供了坚实的法律保障。

2.3.2 配套性法规及规范性文件逐步细化

在网络安全法、数据安全法、个人信息保护法等基础法律构建的网络安全顶层框架之下，国务院及相关部门通过出台一系列行政法规和部门规章，进一步聚焦网络安全审查、关键信息基础设施、数据安全和个人信息保护等重点领域，夯实网络安全法治体系制度基础。先后出台《关键信息基础设施安全保护条例》《网络安全审查办法》《儿童个人信息网络保护规定》《汽车数据安全管理若干规定（试行）》《网络产品安全漏洞管理规定》《数据出境安全评估办法》《个人信息出境标准合同办法》等多项重点配套性行政法规和部门规章，先后就《网络数据安全管理条例（征求意见稿）》等多项重点法规文件公开征求意见，确保了关键信息基础设施安全保护制度、网络安全审查制度、网络安全等级保护制度、个人信息保护、数据安全相关制度等更好落地，具体回应了网络安全法治的新要求。

2.4 网络安全标准化工作扎实推进

习近平总书记强调，加强标准化工作，实施标准化战略，是一项重要和紧迫的任务，对经济社会发展具有长远的意义。六年来，我国网络安全标准化顶层设计不断完善，网络安全标准体系更加健全，标准国际化水平显著提升。2017年11月，十二届全国人大常委会第三十次会议通过了新修订的《中华人民共和国标准化法》，提出加强标准化工作，提升产品和服务标准化质量。2021年，党中央、国务院印发了《国家标准化发展纲要》，提出了标准化改革的新路径，为构建推动高质量发展的标准体系做出了全面部署。全国信息安全标准化技术委员会（以下简称信安标委）是网络安全领域从事标准化工作的技术组织，对网络安全国家标准进行统一技术归口、统一组织申报、送审和报批。2021年，信安标委发布《网络安全国家标准体系（2020版）》，经归纳提炼网络安全国家标准适用对象和标准功能，积极反映网络信息技术的发展趋势及网络安全标准需求，构建由标准类型、规范对象和应用领域组成的三维标准关联分析模型。截至2022年12月，信安标委共推动发布346项网络安全国家标准，在研国家标准制修订项目计划为103项，涵盖密码技术、鉴别与授权、信息安全评估、通信安全、信息安全管理、大数据安全等领域，初步建成较为完备的网络安全国家标准体系，为国家网络安全保障工作提供了强有力的标准化技术支撑。同时，我国积极推动国家标准与行业标准、市场自制标准协同发展，培养和发展了金融、工业等具有重要影响力的行业技术标准；积极参与国际标准化活动，推动中国主导提出的SM4分组密码算法、虚拟信任根2项国际标准发布；推动包含中国贡献的SM9密钥交换协议、隐私删除方案、SM3密码杂凑算法3项国际标准发布；中国主导提出的机密计算、安全多方计算、数字货币硬钱包安全3项研究项目获批立项。截至2022年6月底，中国参与的国际标准项目总数为49项；其中已发布18项，在研24项，研究7项，分别占ISO/IEC JTC 1/SC 27相应标准总数的8.18%、35.3%、19.44%。

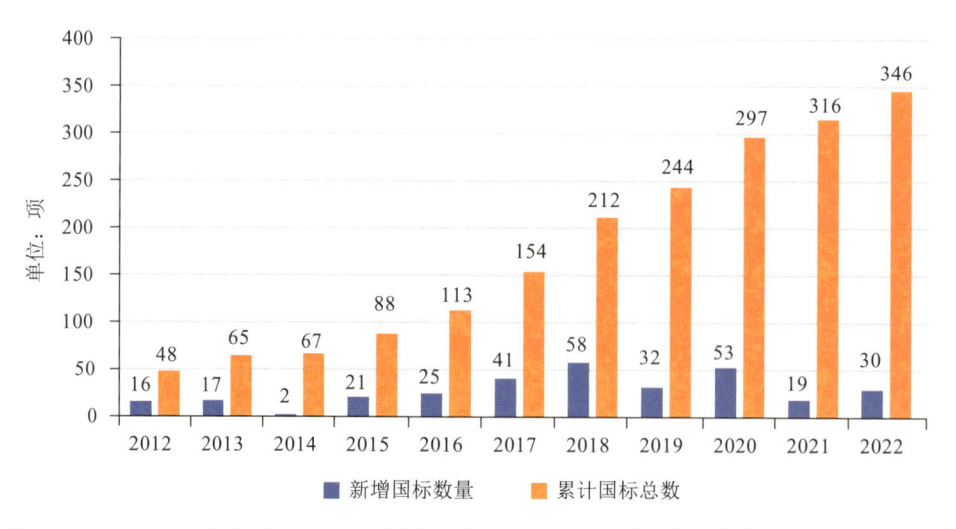

图2-1　2012—2022年全国信息安全标准化技术委员会发布的网络安全专业领域国家标准数量

（数据来源：信安标委官网，截至2022年12月）

1. 网络安全标准研制全面加速

六年来，网络安全和数据安全重点领域标准的研制工作快速推进。在密码技术方面，研制并发布了《信息安全技术 信息系统密码应用基本要求》《信息安全技术 祖冲之序列密码算法 第2部分：保密性算法》等20余项国家标准，提升商用密码产品安全与性能要求，有效支撑密码法的落地实施和国产密码算法的推广应用。在网络安全等级保护方面，研制并发布了《信息安全技术 网络安全等级保护基本要求》《信息安全技术 网络安全等级保护定级指南》等十余项国家标准，推动网络安全等级保护制度贯彻实施，促进了国家信息安全保障体系的构建。在关键信息基础设施保护方面，研制并发布了《信息安全技术 关键信息基础设施安全保护要求》《信息安全技术 关键信息基础设施安全保障指标体系》等9项国家标准，为关键信息基础设施安全保护工作提供具体依据和实施指南，有力支撑开展关键信息基础设施安全保护和监督管理工作。在鉴别与授权方面，研制并发布了《信息技术 安全技术 实体鉴别》《信息安全技术 鉴别与授权 访问控制中间件框架与接口》《信息安全技术 网络身份服务》等40余项国家标准，促进网络空间身份安全鉴别和授权体系建设和应用，夯实各种网络活动的安全基础。在数据安全方面，研制并发布了《信息安全技术 数据安全能力成熟度模型》《信息安全技术 网络数据处理安全要求》等10余项国家标准，并立项研制数据分类分级、重要数据识别、数据安全风险评估等标准，支撑数据分类分级保护制度、重要数据目录、数据安全风险评估等制度落地，同时针对生物特征识别领域，研制了《信息安全技术 人脸识别数据安全要求》《信息安全技术 基因识别数据安全要求》等国家标准，加强对生物特征数据的安全管理要求。在个人信息保护方面，研制并发布了《信息安全技术 个人信息安全规范》《信息安全技术 个人信息安全影响评估指南》等近10项国家标准，发布《信息安全技术 移动互联网应用程序（APP）收集个人信息基本要求》等针对APP的具体标准，支撑国家建立个人信息保护制度，有力解决了APP和移动智能终端等涉及个人信息的安全保护问题。

2. 网络安全标准实施和推广工作全方位开展

近年来，国家标准化主管部门及相关社会团体积极通过各种方式推进标准落地实施，有效发挥标准在网络安全工作中的基础性、规范性、引领性作用。不断开展国家网络安全政策与标准宣贯活动，2017年8月和2018年9月，网络安全国家标准宣贯培训活动分别在哈尔滨和郑州举办，推动国家网络安全标准化相关政策法规的落地实施，提升网络安全标准化意识。2019年7月，国家网络安全政策与标准宣贯培训活动在太原举办，推动网络安全机构理解、把握并在实际工作中落实和应用国家网络安全政策与标准。持续开展国家标准基础知识培训活动，2019年4月和2021年5月，信安标委分别在宁波和武汉组织召开了"国家标准基础知识培训活动"，面向国家网络安全标准编制组及工作组成员单位代表，开展国家标准研制修订流程、编写要求等方面的基础知识培训，进而提升网络安全国家标准质量。针对重点领域展开网络安全标准试点工作，2018年9月—2020年8月，信安标委开展《信息安全技术 数据安全能力成熟度模型》标准试点工作，选择包含互联网医疗、金融、物流、旅游、人工智能、航空、政务等行业在内的10家单位开展落地实施试点。2021年以来，信安标委全面开展网络安全国家标准试点工作，对近期立项的生物特征识别数据安全、网络服务数据安全、通用密码服务接口规范、网络数据分类分级要求等重点标准项目，开展标准内容的可操作性和适用性以及标准技术要求和核心指标等内容的验证，提升标准科学性、合理性和适用性，提高标准质量。

此外，国家标准化部门举办关键信息基础设施安全标准论坛、数据安全标准论坛等活动，解读政策、探讨交流标准需求和实践。依托国家网络安全宣传周、全民国家安全教育日、网络安全标准周、新一代标准化论坛等大型活动，举办标准宣传活动，大力促进社会各方了解标准、使用标准。通过评选网络安全国家标准优秀实践案例，举办网络安全标准线上知识竞赛等创新活动，促进全社会对网络安全标准的关注和了解。2021年11月，信安标委开展网络安全国家标准二十周年优秀实践案例评选启动会，对网络安全国家标准二十周年优秀实践案例评选方案进行宣介，宣传和推广网络安全国家标准。对一批实施满一年的国家标准和近年来中国主导提出的国际标准提案，开展效果评价工作，总结标准实施应用优秀经验，提升标准实施成效。

专栏

全国信息安全标准化技术委员会机构与功能设置

全国信息安全标准化技术委员会负责组织开展国内信息安全有关的标准化技术工作，目前设立七个工作组，主要工作范围包括安全技术、安全机制、安全服务、安全管理、安全评估等领域的标准化技术工作（见图2-2）。机构设置如下：

```
（主任 副主任 委员）委员会 — 秘书处
├─ WG1 信息安全标准体系与协调工作组
├─ WG3 密码技术工作组
├─ WG4 鉴别与授权工作组
├─ WG5 信息安全评估工作组
├─ WG6 通信安全标准工作组
├─ WG7 信息安全管理工作组
└─ SWG-BDS 大数据安全标准特别工作组
```

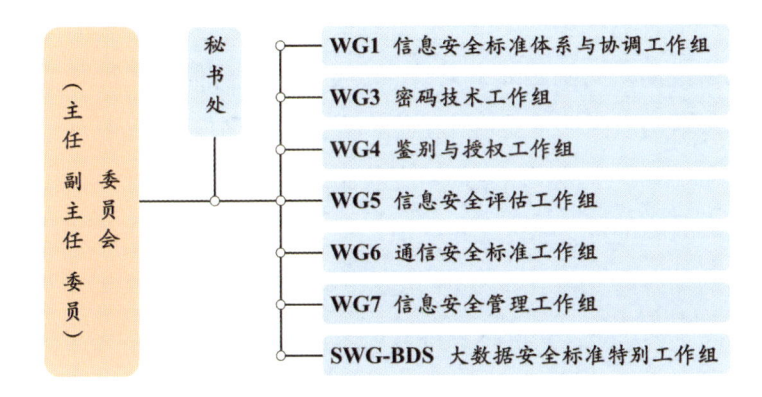

图2-2 全国信息安全标准化技术委员会机构设置

信息安全标准体系与协调工作组负责研究信息安全标准体系；跟踪国际信息安全标准发展动态；研究、分析国内信息安全标准的应用需求；研究并提出新工作项目及工作建议。**密码技术工作组**负责密码算法、密码模块，密钥管理标准的研究与制定。**鉴别与授权工作组**负责国内外PKI/PMI标准的分析、研究和制定。**信息安全评估工作组**负责调研国内外测评标准现状与发展趋势；研究提出测评标准项目和制订计划。**通信安全标准工作组**负责调研通信安全标准现状与发展趋势，研究提出通信安全标准体系，制定和修订通信安全标准。**信息安全管理工作组**负责信息安全管理标准体系的研究，信息安全管理标准的制定工作。**大数据安全标准特别工作组**负责大数据和云计算相关的安全标准化研制工作。

2.5 网络安全保障服务支撑力量显著增强

六年来，我国科研院所、高等院校、行业组织、企业等网络安全相关单位成长壮大，各个层级的保障服务机构也逐步设立，相互合作、相互联合不断增强，为网络安全等级保护、关键信息基础设施安全、数据安全等领域提供强有力的思想理论、科学研究、人才智力、技术保障支撑。

1. 中国网络空间研究院

中国网络空间研究院是经中央批准成立、中央网信办直属局级事业单位，是首批网信领域国家高端智库培育单位，肩负着为网信事业高质量发展建言献策的光荣使命任务。中国网络空间研究院始终紧紧围绕中央网信委、中央网信办提出的重大战略部署、重大工作举措，着力做好习近平新时代中国特色社会主义思想特别是习近平总书记关于网络强国的重要思想的研究阐释，着力做好中央网信委、中央网信办重要决策部署的支撑服务，着力做好国内外网信领域智力资源和研究成果的汇聚转化，努力打造国际一流、国内领军的网信新型高端智库。

中国网络空间研究院设有网信理论与战略研究所、专家委秘书处、网络安全研究所、网络传播研究所、信息化研究所、网络国际问题研究所和网络法治研究所等多个内设研究机构，紧紧围绕网络安全、信息化、网络传播、网络空间国际治理、网络法治等领域，深入开展全局性、基础性、战略性、前瞻性的重大问题研究，承担了一系列国家级、省部级重大委托课题和专项课题，推出了一大批有价值高质量的研究成果，为中央网信委、中央网信办决策部署提供了有力理论支撑和有效智力支持。

2. 国家计算机网络应急技术处理协调中心

国家计算机网络应急技术处理协调中心（以下简称国家互联网应急中心，National Computer Network Emergency Response Technical Team/Coordination Center of China，英文简称CNCERT/CC），是中国计算机网络应急处理体系

中的牵头单位，开展互联网网络安全事件的预防、发现、预警和协调处置等工作，运行和管理国家信息安全漏洞共享平台（China National Vulnerability Database，以下简称CNVD），维护国家公共互联网安全，保障关键信息基础设施的安全运行等。目前，CNCERT/CC已经在中国31个省、自治区、直辖市（不含港澳台地区）设有分支机构，并通过组织网络安全企业、学校、社会组织和研究机构，协调骨干网络运营单位、域名服务机构和其他应急组织等，构建中国互联网安全应急体系，共同处理各类互联网重大网络安全事件。同时，CNCER/CC积极开展网络安全国际合作，致力于构建跨境网络安全事件的快速响应和协调处置机制。

3. 中国网络空间安全协会

中国网络空间安全协会（Cyber Security Association of China，英文简称CSAC）是中国首个网络安全领域的全国性社会团体，接受国家互联网信息办公室和民政部的业务指导和监督管理，为国家互联网信息办公室的办管社会组织，在2020年度全国性社会组织评估中被民政部评为4A级全国性社会团体。自成立以来，始终坚持以政治建设为统领，充分发挥协会桥梁纽带作用，发动社会各个方面参与维护国家网络空间安全；组织专家力量，支撑网络安全相关法案起草，推进网络安全法律体系建设；秉承服务宗旨，及时了解会员需求，积极向主管部门反映情况、提出意见建议，为企业发展提供服务和支撑；着力促进网络安全行业自律，积极引导网络环境下各类企业履行网络安全责任，推动网络安全产业健康有序发展；积极开展网络空间安全人才发掘和培养教育工作，切实提升全社会网络安全意识；充分发挥协会"二轨"作用，积极开展国际交流，参与全球网络空间治理。

4. 中国信息通信研究院

中国信息通信研究院，主要负责电信、互联网研究、4G/5G、工业互联网、智能制造、移动互联网、物联网、车联网、未来网络、云计算、大数据、人工智能、虚拟现实/增强现实（VR/AR）、智能硬件、网络与信息安全等方面研究，在国家信息通信及信息化与工业化融合领域的战略和政策研究、技术创新、产业发展、安全保障等方面发挥重要作用，支撑互联网+、制造强国、宽带中国等重大战略与政策出台和各领域重要任务的实施。

5. 中国电子技术标准化研究院

中国电子技术标准化研究院，是国家从事电子信息技术领域标准化的基础性、公益性、综合性研究机构。主要负责标准科研、检测、计量、认证、信息服务等电子信息技术标准化工作，面向政府提供政策研究、行业管理和战略决策的专业支撑，面向社会提供标准化技术服务。承担多个IEC、ISO/IEC JTC 1的TC/SC国内技术归口，与多个国际标准化组织及国外著名机构建立了合作关系，在世界范围内开展认证、检测业务，代表中国进行国际技术交流、标准和法规的制定。

6. 中国互联网络信息中心

中国互联网络信息中心（China Internet Network Information Center，英文简称CNNIC），主要负责国家网络基础资源的运行管理和服务，承担国家网络基础资源的技术研发并保障安全，开展互联网发展研究和咨询服务，促进全球互联网开放合作和技术交流。

7. 国家信息技术安全研究中心

国家信息技术安全研究中心，履行科研技术攻关与网络安全保障双重职能，主要承担信息技术产品与系统的安全性分析与研究，开展网络安全核心技术研究；具有专门面向党政机关、基础信息网络和重要信息系统开展风险评估的国家专控队伍，承担国家重大活动网络安保、党政机关和重要行业关键信息基础设施安全保障和防护、网络和信息技术产品安全检测、自主可控技术产品研发，以及网络安全发展战略研究等任务。

8. 国家保密科技评测中心

国家保密科技评测中心，建有系统测评、产品检测、漏洞分析等多个专业技术实验室，配有电磁信号检测分析、网络性能和协议综合分析、网络安全设备综合测评平台等先进检测评估技术装备，主要负责系统测评、产品检测、漏洞分析、保密科技法规和标准研究、资质审查评估等。在全国已建成省（自治区、直辖市）测评分中心34个，重点行业和领域测评分中心10个，基本形成了统一规范、整体协同的保密科技测评机构体系。

9. 中国网络安全审查技术与认证中心

中国网络安全审查技术与认证中心（China Cybersecurity Review Technology and Certification Center，英文简称CCRC，原中国信息安全认证中心），依据网络安全法、《网络安全审查办法》及国家有关强制性产品认证法律法规，在国家认证认可监督管理委员会（以下简称国家认监委）批准的业务范围内，开展网络安全审查技术支撑和认证工作；开展信息安全认证相关标准和检测技术、评价方法研发工作，为建立和完善信息安全认证制度提供技术支持；开展认证人员和信息安全技术培训工作；开展信息安全相关领域的国际合作与交流活动等事项。

10. 中国信息安全测评中心

中国信息安全测评中心，是专门从事信息技术安全测试和风险评估的权威职能机构，建有漏洞基础研究、移动互联网安全、工业控制系统安全、大数据协同安全等多个专业性技术实验室。主要职能包括：开展信息安全漏洞分析与风险评估；开展信息技术产品、系统和工程建设的安全性测试与评估；开展信息安全服务和信息安全专业人员的能力评估与资质审核；开展信息安全技术咨询、工程监理与开发服务；从事信息安全测试评估的理论研究、技术研发、标准研制等。

11. 国家工业信息安全发展研究中心

国家工业信息安全发展研究中心是工业和信息化领域的重要研究咨询与决策支撑机构，国防科技、装发工业的电子领域技术基础核心情报研究机构。主要负责工业信息安全、产业数字化、软件和知识产权、智库支撑等多项业务，提供智库咨询、技术研发、检验检测、试验验证、评估评价、知识产权、数据资源等公共服务。

第三章

网络安全保障与防护能力持续加强

习近平总书记指出，要筑牢网络安全防线，提高网络安全保障水平，强化关键信息基础设施防护，加大核心技术研发力度和市场化引导，加强网络安全预警监测，确保大数据安全，实现全天候全方位感知和有效防护。六年来，中国网络安全防护和保障工作扎实推进。《关键信息基础设施安全保护条例》制定出台，重要领域网络安全检查工作有序开展；网络安全等级保护一系列标准规范相继发布；数据安全和个人信息保护工作进一步加强，数据分类、数据跨境等相关管理制度相继出台，各行业数据安全评估加速推进，APP违法违规收集使用个人信息专项治理成效显著；网络安全审查工作有效防范采购活动、数据处理活动以及国外上市可能带来的国家安全风险；云安全评估工作持续推动，有效提升云计算服务安全可控水平；网络关键设备和网络安全专用产品认证相关工作进一步规范；国家网络安全事件应急工作机制不断健全完善，网络安全事件应对能力得到提升；密码管理相关法律法规相继出台，有力提升密码管理科学化、规范化、法治化水平；网络漏洞管理能力持续提升，有效化解了重大安全漏洞可能引发的安全风险；5G、工业互联网、车联网等新兴技术和应用领域网络安全保障工作不断推进，保障能力不断提升。

3.1 网络安全综合保障水平稳步提升

随着网络安全法、数据安全法、个人信息保护法等法律法规深入实施,关键信息基础设施安全保护、网络安全等级保护、数据安全管理、个人信息保护、云计算服务安全评估、网络安全事件应急处置、密码安全管理等重点工作持续推进,网络安全保障与防护能力不断提升,国家安全、社会稳定和公民合法权益得到有力维护。

3.1.1 关键信息基础设施保护工作加速推进

2017年7月,《关键信息基础设施安全保护条例(征求意见稿)》面向社会公开征求意见,为关键信息基础设施安全保护提供重要法律支撑。2021年9月1日,《关键信息基础设施安全保护条例》(以下简称《条例》)正式施行。《条例》规定,应建立专门保护制度,明确各方责任,提出保障促进措施,有利于进一步健全关键信息基础设施安全保护法律制度体系。2022年10月,《信息安全技术 关键信息基础设施安全保护要求》发布,提出以关键业务为核心的整体防控、以风险管理为导向的动态防护、以信息共享为基础的协同联防的关键信息基础设施安全保护3项基本原则。从分析识别、安全防护、检测评估、监测预警、主动防御、事件处置等6个方面提出了111条安全要求,为运营者开展关键信息基础设施保护工作需求提供了强有力的标准保障。

3.1.2 网络安全等级保护制度全面优化

网络安全等级保护制度在国家网络安全保障机制和能力建设过程中发挥了重要作用。网络安全法规定,国家实行网络安全等级保护制度,网络运营者应当按照网络安全等级保护制度的要求,履行安全保护义务,保障网络免受干扰、破坏或者未经授权的访问,防止网络数据泄露或者被窃取、篡改。2018年3月,公安部印发实施《网络安全等级保护测评机构管理办法》,明确了测评机构资质、申请流程、工作机制等内容,进一步加强对网络安全等级保护测评机构的管理,规范测评行为,提升测评能力和质量,保障国家网络安全等级保护制度深入贯彻实施。2018年6月，公安部发布《网络安全等级保护条例（征求意见稿）》，标志着等级保护从原来1.0时代的"信息安全等级保护"升级为2.0时代的"网络安全等级保护"。等级保护2.0具有三个特点：（1）等级保护的基本要求、测评要求和设计技术要求在框架上实现统一；（2）通用安全要求与新型应用安全扩展要求相结合，将云计算、移动互联、物联网、工业控制系统等列入标准规范；（3）把可信验证列入各级别和各环节的主要功能要求之中。

2019年5月，国家市场监督管理总局、国家标准化管理委员会（以下简称国家标准委）正式发布与等级保护2.0相关的《信息安全技术　网络安全等级保护基本要求》《信息安全技术　网络安全等级保护测评要求》《信息安全技术　网络安全等级保护安全设计技术要求》等国家标准，并于2019年12月1日开始实施。2020年4月28日，《信息安全技术　网络安全等级保护定级指南》（GB/T 22240-2020）发布，并于2020年11月1日正式实施，相比2008年发布的旧版本，该指南对标准名称、等级保护对象、定级流程等进行了完善和优化。

表3-1　网络安全等级保护相关国家标准

序号	标准号	标准名称
1	GB/T 36959-2018	信息安全技术　网络安全等级保护测评机构能力要求评估规范
2	GB/T 36627-2018	信息安全技术　网络安全等级保护测试评估技术指南
3	GB/T 36958-2018	信息安全技术　网络安全等级保护安全管理中心技术要求
4	GB/T 28449-2018	信息安全技术　网络安全等级保护测评过程指南
5	GB/T 28448-2019	信息安全技术　网络安全等级保护测评要求
6	GB/T 22239-2019	信息安全技术　网络安全等级保护基本要求
7	GB/T 25058-2019	信息安全技术　网络安全等级保护实施指南
8	GB/T 25070-2019	信息安全技术　网络安全等级保护安全设计技术要求
9	GB/T 22240-2020	信息安全技术　网络安全等级保护定级指南

同时，金融、交通、公共安全、通信等重要行业陆续发布网络安全等级保护2.0相关行业标准，推进落实网络安全等级保护制度。2020年11月，中国

人民银行正式批准发布金融行业标准《金融行业网络安全等级保护实施指引》（JR/T 0071-2020），国家广播电视总局批准发布广播电视和网络视听行业标准《广播电视网络安全等级保护定级指南》（GY/T 337-2020）；12月，工信部批准发布《电信网和互联网网络安全防护定级备案实施指南》（YD/T 3799-2020）。2021年7月，国家广播电视总局发布广播电视和网络视听行业标准《广播电视网络安全等级保护基本要求》（以下简称《要求》）。根据《要求》，广播电视网络安全等级保护由低到高被划分为五个安全保护等级，适用于指导分等级的非涉密对象的安全建设和监督管理。《信息安全技术 网络安全等级保护大数据基本要求》（以下简称基本要求）团体标准自2021年5月30日起正式实施。基本要求提出网络运营者整体应实现的大数据安全保护技术和管理要求，填补了我国网络安全等级保护标准体系中相关领域的空白。

表3-2 网络安全等级保护相关行业标准

序号	标准号	标准名称
1	GA/T 1390.5-2017	信息安全技术 网络安全等级保护基本要求 第5部分：工业控制系统安全扩展要求
2	GA/T 1390.2-2017	信息安全技术 网络安全等级保护基本要求 第2部分：云计算安全扩展要求
3	GA/T 1390.3-2017	信息安全技术 网络安全等级保护基本要求 第3部分：移动互联安全扩展要求
4	GA/T 1389-2017	信息安全技术 网络安全等级保护定级指南
5	LY/T 2929-2017	林业网络安全等级保护定级指南
6	GA/T 1349-2017	信息安全技术 网络安全等级保护专用知识库接口规范
7	YZ/T 0163-2018	邮政业信息系统安全等级保护实施指南
8	MH/T 0069-2018	民用航空网络安全等级保护定级指南
9	MH/T 0076-2020	民用航空网络安全等级保护基本要求
10	GA/T 1735.1-2020	网络安全等级保护检查工具技术规范 第1部分：安全通用检查工具
11	JR/T 0072-2020	金融行业网络安全等级保护测评指南

续表

序号	标准号	标准名称
12	JR/T 0071.1—2020	金融行业网络安全等级保护实施指引 第1部分：基础和术语
13	JR/T 0071.2—2020	金融行业网络安全等级保护实施指引 第2部分：基本要求
14	JR/T 0071.3—2020	金融行业网络安全等级保护实施指引 第3部分：岗位能力要求和评价指引
15	JR/T 0071.4—2020	金融行业网络安全等级保护实施指引 第4部分：培训指引
16	JR/T 0071.5—2020	金融行业网络安全等级保护实施指引 第5部分：审计要求
17	JR/T 0071.6—2020	金融行业网络安全等级保护实施指引 第6部分：审计指引
18	GY/T 337—2020	广播电视网络安全等级保护定级指南
19	YD/T 3866.2—2021	IPTV数字版权管理系统技术要求 第2部分：安全保护等级要求
20	GY/T 352—2021	广播电视网络安全等级保护基本要求
21	JT/T 1417—2022	交通运输行业网络安全等级保护基本要求

3.1.3 数据安全和个人信息保护工作逐步强化

数据安全已成为国家网络安全的重要组成部分。2017年4月，《个人信息和重要数据出境安全评估办法（征求意见稿）》公布，随后《信息安全技术 个人信息安全规范》等规范和标准相继发布，数据安全和个人信息保护进一步得到重视。2017年7月，中央网信办、工信部、公安部、国家标准委等4部门联合实施"个人信息保护提升行动"，其中专门启动隐私条款相关专项工作，首批对微信、淘宝等10款网络产品和服务的隐私条款进行评审。2017年12月，十二届全国人大常委会第三十一次会议审议了《关于加强网络信息保护的决定实施情况的报告》，报告指出我国个人信息保护工作形势严峻，要求在执法检查中落实公民个人信息保护制度，查处侵犯公民个人信息及相关违法犯罪的情况。

2019年5月，国家网信办会同相关部门研究起草了《数据安全管理办法（征求意见稿）》《个人信息出境安全评估办法（征求意见稿）》等，并面向社会公开征求意见，力求夯实数据安全管理和个人信息保护法治基础。同年8月，国家网信办发布《儿童个人信息网络保护规定》，作为首部针对儿童网络保护的立法，对收集、存储、使用、转移、披露儿童个人信息的行为进行了严格规范。针对当前APP强制授权、过度索权、超范围收集个人信息等网民反映强烈的问题，由信安标委、中国消费者协会、中国互联网协会、中国网络空间安全协会成立的APP违法违规收集使用个人信息专项治理工作组发布《APP违法违规收集使用个人信息自评估指南》，信安标委发布《网络安全实践指南——移动互联网应用基本业务功能必要信息规范》等，为APP运营者自查自纠提供了有益的参考和指导，进一步规范了网络空间秩序，为建立长效治理机制奠定基础。同年8月，《信息安全技术　个人信息去标识化指南》（GB/T 37964-2019）发布，明确了个人信息去标识化的目标和原则，提出了去标识化过程和管理措施。

2020年3月，《信息安全技术　个人信息安全规范》（GB/T 35273-2020）发布，规定了开展收集、存储、使用、共享、转让、公开披露、删除等个人信息处理活动应遵循的原则和安全要求。同年8月，工信部起草的《网络数据安全标准体系建设指南（征求意见稿）》提出，到2021年，初步建立电信和互联网数据安全标准体系，有效落实数据安全管理要求，基本满足行业数据安全保护需要，推进标准在重点企业、重点领域中的应用，研究制定数据安全行业标准20项以上。同年11月，《信息安全技术　个人信息安全影响评估指南》（GB/T 39335-2020）发布，给出了个人信息安全影响评估的基本原理、实施流程。该标准适用于各类组织自行开展个人信息安全影响评估工作，同时可为主管监管部门、第三方测评机构等组织开展个人信息安全监督、检查、评估等工作提供参考。

2021年3月，国家网信办、工信部、公安部、国家市场监督管理总局（以下简称市场监管总局）联合印发《常见类型移动互联网应用程序必要个人信息范围规定》，明确39种常见类型APP的必要个人信息范围，规定移动互联网应用程序运营者不得因用户不同意收集非必要个人信息而拒绝用户使用APP基本功能服务。同年8月，国家网信办、国家发展和改革委员会（以下简称国家发展改革委）、工信部、公安部、交通运输部联合发布《汽车数据安全管理若干规定（试行）》（以下简称《规定》），自2021年10月1日起施行。该《规定》聚焦汽车领域个人信息和重要数据安全风险，倡导汽车数据处理者在开展汽车数据处理活动中坚持"车内处理""默认不收集""精度范围适用""脱敏处理"等原则，减少对汽车数据的无序收集和违规滥用。2021年9月，工信部就《工业和信息化领域数据安全管理办法（试行）》征求意见。10月，国家网信办起草《数据出境安全评估办法（征求意见稿）》。12月，工信部办公厅组织开展工业领域数据安全管理试点工作；全国金融标准化技术委员会就《金融数据安全 数据安全评估规范》金融标准征求意见；同月，信安标委发布《网络安全标准实践指南——网络数据分类分级指引》（TC260-PG-20212A）。

2022年1月，信安标委就《信息安全技术 重要数据识别指南》（以下简称指南）公开征求意见，指南给出重要数据识别的基本原则、关键因素以及重要数据描述。为指导个人信息收集、处理、安全保护等工作落地实施，2022年4月，信安标委发布《信息安全技术 移动互联网应用程序（APP）收集个人信息基本要求》，对APP功能进行了详细划分，包括地图导航类、网络约车类、即时通信类、网络社区类、网络支付类等39类，明确了收集个人信息的基本要求。同时发布《网络安全标准实践指南 个人信息跨境处理活动认证技术规范（征求意见稿）》，旨在落实个人信息保护法第38条建立个人信息保护认证制度，并从基本原则、相关方在跨境处理活动中应遵循的要求、个人信息主体权益保障等方面提出了要求。2022年10月，《信息安全技术 个人信息安全工程指南》（GB/T 41817-2022）发布，作为一项实施类指南，以标准的形式从制度层面出发将组织内各团队/部门间的工作配合方式做出协调和指导。12月，信安标委发布《网络安全标准实践指南——个人信息跨境处理活动安全认证规范V2.0》，认证规范V2.0指出，开展跨境处理活动的个人信息处理者申请个人信息保护认证应符合《信息安全技术 个人信息安全规范》（GB/T 35273-2020）和本文件的要求。

3.1.4 网络安全审查制度建立健全

为确保关键信息基础设施供应链安全，保障网络安全和数据安全，维护国家安全，我国逐步建立完善网络安全审查制度。2017年5月，国家网信办出台《网络产品与服务安全审查办法（试行）》，明确关系国家安全的网络和信息系统采购的重要网络产品与服务应当经过网络安全审查。2019年5月，国家网信办等12部门联合起草了《网络安全审查办法（征求意见稿）》，向社会公开征求意见。2020年4月，《网络安全审查办法》正式发布。2021年7月2日，为防范国家数据安全风险，维护国家安全，保障公共利益，依据《中华人民共和国国家安全法》《中华人民共和国网络安全法》，网络安全审查办公室按照《网络安全审查办法》，对滴滴出行、运满满、货车帮、BOSS直聘实施网络安全审查，有效防范采购活动、数据处理活动以及国外上市可能带来的国家安全风险。2021年7月10日，国家网信办会同有关部门修订了《网络安全审查办法》，向社会公开征求意见。2022年1月4日，国家网信办等13部门联合发布修订后的《网络安全审查办法》，自2022年2月15日起施行。修订后的《网络安全审查办法》将网络平台运营者开展数据处理活动影响或者可能影响国家安全等情形纳入网络安全审查，并明确掌握超过100万用户个人信息的网络平台运营者赴国外上市必须向网络安全审查办公室申报网络安全审查。根据审查实际需要，增加中国证券监督管理委员会（以下简称证监会）作为网络安全审查工作机制成员单位，同时完善了国家安全风险评估因素等内容。2022年6月23日，网络安全审查办公室为防范国家数据安全风险，维护国家安全，保障公共利益，依据国家安全法、网络安全法、数据安全法，按照《网络安全审查办法》，约谈同方知网（北京）技术有限公司负责人，宣布对知网启动网络安全审查。2022年7月21日，根据网络安全审查结论及发现的问题和线索，国家网信办依据网络安全法、数据安全法、个人信息保护法、行政处罚法等法律法规，对滴滴全球股份有限公司处人民币80.26亿元罚款，并对相关负责人进行罚款处罚。

3.1.5 云计算服务安全评估工作持续开展

云计算服务安全越来越受各方重视。2017年，制定《信息安全技术 云计算服务安全能力评估方法》（GB/T 34942-2017）。2019年7月，国家网信办、国家发展改革委、工信部、财政部联合发布了《云计算服务安全评估办法》，自同年9月1日起施行。该办法从评估主体、责任、流程等多环节探索建立系统评估机制，为提升党政机关和关键信息基础设施运营者采购使用云计算服务的安全可控水平、降低采购使用云计算服务带来的网络安全风险提供支持。

2019年8月，制定《信息安全技术 云计算服务运行监管框架》（GB/T 37972-2019），于2020年3月实施。2020年4月，国家网信办发布云计算服务安全评估的协调机制成员单位、专家组成员、专业技术机构和相关国家标准，有关部委司局及网络安全领域科研机构、测评机构、高等院校、基础电信运营商等参与其中。在国家网信办等部门领导下，各方持续推动云安全评估工作，加强云计算服务安全管理，防范云计算服务安全风险，并对评估发现的人员管理、物理安全、系统保护和安全评估、访问控制、维护和审计等方面的问题进行督导和整改，为提升云平台安全发挥了重要作用。截止到2022年末，已有63家云平台通过云计算服务安全评估。

3.1.6 网络关键设备安全认证和安全检测制度日趋完善

我国网络关键设备采取依标生产、安全认证和安全检测制度，以减少恶意利用造成的危害。为加强网络关键设备和网络安全专用产品安全管理，2017年6月，国家网信办会同工信部、公安部、国家认监委等部门公布《网络关键设备和网络安全专用产品目录（第一批）》，明确网络安全产品的主要类别，规定网络关键设备和网络安全专用产品认证或者检测委托人应选择具备资格的机构进行安全认证或者安全检测，规定检测结果应上报相关部门。2018年，《关于发布承担网络关键设备和网络安全专用产品安全认证和安全检测任务机构名录（第一批）的公告》、《网络关键设备和网络安全专用产品安全认证实施规则》（CNCA-CCIS-2018）陆续发布，确立了16家认证和检测机构，规定了开展网络关键设备和网络安全专用产品安全认证的基本原则及要求。为推进网络关键设备安全检测工作，2019年6月，工信部会同有关部门起草了《网络关键设备安全检测实施办法（征求意见稿）》。2021年2月，市场监管总局（国家标准委）批准《网络关键设备安全通用要求》（GB 40050-2021），规定了网络关键设备应满足的通用安全功能要求和安全保障要求。2022年1月，国家网信办会同工信部、公安部、国家认监委等部门公布《关于统一发布网络关键设备和网络安全专用产品安全认证和安全检测结果的公告》，对经具备资格的机构安全认证或检测，符合相关国家强制标准强制性要求的产品予以公布。

3.1.7 国家网络安全事件应急工作格局基本形成

为建立健全国家网络安全事件应急工作机制，提高应对网络安全事件能力，预防与减少网络安全事件造成的损失和危害，2017年6月，中央网信办印发《国家网络安全事件应急预案》，建立健全网络安全应急协调和通报工作机制，与各地区、各部门、有关中央企业建立网络安全应急响应机制，及时汇集信息、监测预警、通报风险、响应处置，构建起"全国一盘棋"的工作体系。预案明确了网络安全事件的定义和分级，对网络安全事件监测预警、应急处置、调查评估、预防保障等重要内容做出规定。按照预案要求，各单位按照"谁主管谁负责、谁运行谁负责"的要求，组织对本单位建设运行的网络和信息系统开展网络安全监测工作，重点行业主管或监管部门组织指导做好本行业网络安全监测工作。各省（自治区、直辖市）网信部门结合本地区实际，统筹组织开展对本地区网络和信息系统的安全监测工作。各省（自治区、直辖市）、各部门将重要监测信息报国家网络安全应急办公室（以下简称应急办），应急办组织开展跨省（自治区、直辖市）、跨部门的网络安全信息共享。2017年11月，《公共互联网网络安全突发事件应急预案》发布，明确了公共互联网网络安全突发事件应急的组织体系、事件分级、监测预警和应急响应工作流程，提出了预防和应急准备及相应的保障措施。2020年4月，《信息安全技术 网络安全事件应急演练指南》（GB/T 38645-2020）发布，该标准给出了网络安全事件应急演练实施的目的、原则、形式、方法及规划，并描述了应急演练的组织架构以及实施过程。2020年、2021年、2022年，辽宁省、江苏省、山西省等多地组织开展全省范围内的网络安全事件应急演练。

3.1.8 密码安全管理工作再上新台阶

2018年，包含我国SM3算法的ISO/IEC 10118-3:2018《信息安全技术 杂凑函数 第3部分：专用杂凑函数》，包含我国SM2、SM9算法的ISO/IEC 14888-3:2018《信息安全技术 带附录的数字签名 第3部分：基于离散对数的机制》等国际标准正式发布。2018年10月，在挪威召开的ISO/IEC JTC 1

SC 27工作组会议上，包含我国SM4算法的ISO/IEC 18003-3的补篇2《加密算法　第3部分：分组密码　补篇2》进入FDIS阶段。

2020年4月，继SM2、SM3、SM9之后，ZUC序列密码算法顺利成为ISO/IEC国际标准，标志着中国商用密码标准体系的日益完善和水平的不断提高，也再次为国际网络与信息安全保护提供了中国方案，贡献了中国智慧。2020年10月，国家密码管理局组织对电子认证服务机构的密码使用情况、电子政务电子认证服务机构的业务开展情况进行随机抽查，依法查处违法违规行为，进一步规范了电子认证服务中的密码使用、电子政务电子认证和政务活动中使用的电子签名、数据电文管理，全面提升商用密码服务保障能力。

作为中国密码领域的综合性、基础性法律，《中华人民共和国密码法》于2020年1月1日起正式施行，标志着我国在密码应用和管理等方面有了专门性法律保障，有力提升了密码管理科学化、规范化、法治化水平。国家密码管理部门精简审批事项，发布《商用密码产品认证目录（第一批）》《商用密码产品认证规则》，建立和推行商用密码认证制度，对涉及国家安全、国计民生、社会公共利益的商用密码施行强制性认证，确保维护国家安全与满足社会需求有效统一。2020年下半年，《政务信息系统密码应用与安全性评估工作指南（2020版）》《信息系统密码应用测评要求》《信息系统密码应用测评过程指南》《信息系统密码应用高风险判定指引》《商用密码应用安全性评估量化评估规则》《商用密码应用安全性评估报告模板（2020版）》相继发布，为相关单位开展商用密码应用与安全性评估提供重要参考。2021年3月，《信息安全技术　信息系统密码应用基本要求》（以下简称基本要求）正式发布，基本要求从物理与环境、网络和通信、设备和计算、应用和数据、管理制度、人员管理、建设运行和应急处置等方面，给出了密码应用技术和管理方面的要求，对于规范引导信息系统合规、正确、有效应用商用密码具有重要意义。2021年6月，国家密码管理局向社会公开发布更新版《商用密码应用安全性评估试点机构目录》。2021年，中国商用密码国际标准化工作取得新突破，中国自主研发的SM9标识加密算法正式成为ISO/IEC国际标准，SM4分组密码算法进入ISO/IEC正式发布阶段。

表3-3　密码相关国家标准

序号	标准号	标准名称
1	GB/T 35275-2017	信息安全技术　SM2密码算法加密签名消息语法规范
2	GB/T 35276-2017	信息安全技术　SM2密码算法使用规范
3	GB/T 35291-2017	信息安全技术　智能密码钥匙应用接口规范
4	GB/T 33560-2017	信息安全技术　密码应用标识规范
5	GB/T 37092-2018	信息安全技术　密码模块安全要求
6	GB/T 37033.1-2018	信息安全技术　射频识别系统密码应用技术要求　第1部分：密码安全保护框架及安全级别
7	GB/T 37033.2-2018	信息安全技术　射频识别系统密码应用技术要求　第2部分：电子标签与读写器及其通信密码应用技术要求
8	GB/T 37033.3-2018	信息安全技术　射频识别系统密码应用技术要求　第3部分：密钥管理技术要求
9	GB/T 38635.1-2020	信息安全技术　SM9标识密码算法　第1部分：总则
10	GB/T 38635.2-2020	信息安全技术　SM9标识密码算法　第2部分：算法
11	GB/T 38636-2020	信息安全技术　传输层密码协议（TLCP）
12	GB/T 17901.1-2020	信息技术　安全技术　密钥管理　第1部分：框架
13	GB/T 38625-2020	信息安全技术　密码模块安全检测要求
14	GB/T 38556-2020	信息安全技术　动态口令密码应用技术规范
15	GB/T 38629-2020	信息安全技术　签名验签服务器技术规范
16	GB/T 38540-2020	信息安全技术　安全电子签章密码技术规范
17	GB/T 38541-2020	信息安全技术　电子文件密码应用指南
18	GB/T 33133.2-2021	信息安全技术　祖冲之序列密码算法　第2部分：保密性算法
19	GB/T 33133.3-2021	信息安全技术　祖冲之序列密码算法　第3部分：完整性算法
20	GB/T 17964-2021	信息安全技术　分组密码算法的工作模式
21	GB/T 17901.3-2021	信息技术　安全技术　密钥管理　第3部分：采用非对称技术的机制
22	GB/T 40650-2021	信息安全技术　可信计算规范　可信平台控制模块
23	GB/T 39786-2021	信息安全技术　信息系统密码应用基本要求
24	GB/T 41389-2022	信息安全技术　SM9密码算法使用规范
25	GB/T 29829-2022	信息安全技术　可信计算密码支撑平台功能与接口规范

3.1.9 网络安全漏洞管理水平持续提升

近年来，在CNVD和中国国家信息安全漏洞库（China National Vulnerability Database of Information Security，英文简称CNNVD）的基础上，国家不断完善漏洞管理体系，提升漏洞整体研究水平和预防处置能力。

2019年6月，工信部会同有关部门起草了《网络安全漏洞管理规定（征求意见稿）》，并以规范性文件形式印发，面向社会公开征求意见。同年11月，为规范发布网络安全威胁信息的行为，有效应对网络安全威胁和风险，保障网络运行安全，国家网信办会同公安部等有关部门起草了《网络安全威胁信息发布管理办法（征求意见稿）》，向社会公开征求意见。

2020年，CNVD平台试运行可供厂商用户自主获取和更新漏洞信息的功能，并向全社会开放。全年CNVD开展重大突发漏洞事件应急响应工作36次，涉及办公自动化系统（Office Automation，以下简称OA）、内容管理系统（Content Management System，以下简称CMS）、防火墙系统等；及时向社会公开发布影响范围广、需终端用户尽快修复的重大安全漏洞公告26份[1]，有效化解了重大安全漏洞可能引发的安全风险，提高国内软硬件（服务）厂商修复自身产品漏洞的积极性，降低通用软硬件产品和服务漏洞对国内用户的安全威胁。2020年6月，CNVD正式上线区块链漏洞子库，号召和引导区块链安全厂商、白帽子、区块链企业等多方共同参与区块链安全生态建设，提高中国对区块链漏洞和安全事件的发现、分析、预警能力，提高整体研究水平和应急处置能力，为中国区块链行业安全保障工作提供重要技术支撑和数据支持。

2021年5月，中国信息安全测评中心联合业界成立"今朝网络安全众测委员会"，正式启动"今朝安全众测平台"，进一步提高国产软硬件产品和关键信息基础设施的安全防护能力。同年7月，工信部、国家网信办、公安部联合印发《网络产品安全漏洞管理规定》，旨在规范网络产品安全漏洞发现、报告、修补和发布等行为，防范网络安全风险。同年9月，为贯彻落实《网络产品安全漏洞管理规定》，规范网络产品安全漏洞收集平台备案管理，工信部起草了《网络产品安全漏洞收集平台备案管理办法（征求意见稿）》，向社会公

---

1 国家计算机网络应急技术处理协调中心（CNCERT/CC）。

开征求意见；2021年9月1日，工信部网络安全管理局组织建设的工信部网络安全威胁和漏洞信息共享平台正式上线运行，根据《网络产品安全漏洞管理规定》，网络产品提供者应当及时向平台报送相关漏洞信息，鼓励漏洞收集平台和其他发现漏洞的组织或个人向平台报送漏洞信息。平台包括通用网络产品安全漏洞专业库、工业控制产品安全漏洞专业库、移动互联网APP产品安全漏洞专业库、车联网产品安全漏洞专业库等，支持开展网络产品安全漏洞技术评估，督促网络产品提供者及时修补和合理发布自身产品安全漏洞。

为规范网络产品安全漏洞收集平台备案管理，2022年10月，工信部印发《网络产品安全漏洞收集平台备案管理办法》（以下简称《办法》），于2023年1月1日起施行。作为《网络产品安全漏洞管理规定》的配套办法，《办法》对网络和拟网络安全漏洞收集平台的注册、备案、信息变更、注销等程序提出了系统要求，规定漏洞收集平台备案通过工信部网络安全威胁和漏洞信息共享平台开展，采用网上备案方式进行。同时要求拟设立漏洞收集平台的组织或个人，应当通过工信部网络安全威胁和漏洞信息共享平台如实填报网络产品安全漏洞收集平台备案登记信息。

3.1.10 新技术新应用网络安全保障能力不断加强

物联网、人工智能、IPv6、5G、工业互联网、区块链等新技术的广泛应用的同时也带来了一系列网络安全风险。2018年10月19日，为规范区块链信息服务活动，促进区块链信息服务健康有序发展，保护公民、法人和其他组织的合法权益，维护国家安全和公共利益，国家网信办制定了《区块链信息服务管理规定（征求意见稿）》，并向社会公开征求意见。2019年1月10日，国家网信办发布《区块链信息服务管理规定》，旨在明确区块链信息服务提供者的信息安全管理责任，规范和促进区块链技术及相关服务健康发展，规避区块链信息服务安全风险，为区块链信息服务的提供、使用、管理等提供有效的法律依据，自2019年2月15日起施行。同年，信安标委发布《物联网安全标准化白皮书（2019版）》《人工智能安全标准化白皮书（2019版）》《网络安全实践指南——移动互联网应用基本业务功能必要信息规范》。2020年3月，工信部发布了《关于开展2020年IPv6端到端贯通能力提升专项行动的通知》，要求着力强化IPv6网络安全保障能力；发布《关于推动5G加快发展的通知》，明确提出着力构建5G安全保障体系，加强5G网络基础设施安全保障，强化5G网络数据安全保护，培育5G网络安全产业生态。2020年5月，工信部印发了《关于深入推进移动物联网全面发展的通知》，提出的五大重点任务中包括建立健全移动物联网安全保障体系。2021年8月27日，为规范互联网信息服务算法推荐活动，维护国家安全和社会公共利益，保护公民、法人和其他组织的合法权益，促进互联网信息服务健康发展，国家网信办起草了《互联网信息服务算法推荐管理规定（征求意见稿）》，并向社会公开征求意见。2021年10月，工信部印发了《物联网基础安全标准体系建设指南（2021版）》，明确其原则为"需求牵引，加强统筹；聚焦重点，急用先行；广泛参与，强化实施"，提出到2022年初步建立物联网基础安全标准体系，到2025年推动形成较为完善的物联网基础安全标准体系。2022年1月4日，国家网信办、工信部、公安部、市场监管总局联合发布《互联网信息服务算法推荐管理规定》，旨在规范互联网信息服务算法推荐活动，维护国家安全和社会公共利益，保护公民、法人和其他组织的合法权益，促进互联网信息服务健康发展，自2022年3月1日起施行。2022年1月28日，国家网信办发布关于《互联网信息服务深度合成管理规定（征求意见稿）》公开征求意见的通知，就互联网信息服务深度合成活动向社会公开征求意见。2022年12月11日，国家网信办、工信部、公安部联合发布《互联网信息服务深度合成管理规定》（以下简称《规定》），自2023年1月10日起施行。《规定》旨在加强互联网信息服务深度合成管理，维护国家安全和社会公共利益，保护公民、法人和其他组织的合法权益。

工业互联网安全管理不断加强。我国重点推动工业互联网安全责任落实，构建工业互联网安全管理体系，提升企业工业互联网安全防护水平。2016年以来，陆续发布《关于深化"互联网+先进制造业"发展工业互联网的指导意见》《工业互联网发展行动计划（2018—2020年）》《工业控制系统信息安全防护指南》《工控系统信息安全事件应急管理工作指南》《工业控制系统信息安全防护能力评估工作管理办法》《加强工业互联网安全工作的指导意见》等政策文件，推动建立工业互联网和工控安全保障体系，健全安全管理制度机制，全面落实企业内网络安全主体责任，明确安全防护、应急以及能力评估等工作要求，不断强化安全态势感知和综合保障能力。为推动工业互联网安全责任落实，对工业互联网企业网络安全实施分类分级管理，提升工业互联网安全保障能力和水平，2019年12月，工信部发布《工业互联网企业网络安全分类分级指南（试行）》（征求意见稿）。2020年3月，工信部发布了《关于推动工业互联网加快发展的通知》，提出建立企业分级安全管理制度、完善安全技术监测体系、健全安全工作机制、加强安全技术产品创新四点要求。5月，印发《关于开展工业互联网企业网络安全分类分级管理试点工作的通知》，部署开展工业互联网企业网络安全分类分级管理试点工作，初定在天津、吉林、上海、江苏、浙江、安徽、福建、山东、河南、湖南、广东、广西、重庆、四川、新疆等15个省（自治区、直辖市）开展试点，通过试点进一步完善工业互联网企业网络安全分类分级规则标准、定级流程以及工业互联网安全系列防护规范的科学性、有效性和可操作性。2022年2月，工信部就《工业与信息化领域数据安全管理办法（试行）》再次公开征求意见，进一步明确工业与信息化领域数据的范围，细化数据分类分级管理要求。

网联汽车网络安全与数据安全的保护力度加大。我国高度重视车联网发展与建设中的安全问题，不断强化网络和数据安全保障工作。2021年8月，国家网信办等5部门发布《汽车数据安全管理若干规定（试行）》，旨在明确汽车数据处理者的责任和义务，规范汽车数据处理活动，保护个人、组织的合法权益，维护国家安全和社会公共利益，促进汽车数据依法合理开发利用。9月，工信部发布《关于加强车联网网络安全和数据安全工作的通知》，要求建立网络安全和数据安全管理制度，健全完善车联网安全保障体系，保障车联网安全稳定运行。另外，针对智能网联汽车产业发展与应用中所面临的严峻安全形势，国家相继出台了《关于加强智能网联汽车生产企业及产品准入管理的意见》《关于进一步加强新能源汽车企业安全体系建设的指导意见》，加强智能网联汽车生产企业及产品准入管理，在网联汽车网络安全、数据安全、个人信息保护、在线升级等方面对新能源车企提出了明确要求。同月，为促进网联汽车安全措施的落地实践，工信部公布车联网身份认证和安全信任试点项目名单，发布《车联网身份认证和安全信任试点技术指南（1.0）》，开展"车与云安全通信""车与车安全通信""车与路安全通信""车与设备安全通信"等四方面的车联网身份认证和安全信任试点工作,并明确要求加快推进车联网网络安全保障能力建设,构建车联网身份认证和安全信任体系,保障蜂窝车联网通信安全。10月,信安标委发布《汽车采集数据处理安全指南》,为汽车采集数据的传输、存储和出境等处理活动提供指引。[1] 同期推动成立网联汽车设备的网络安全要求及评估活动联合工作组（ISO/IEC JTC 1/SC 27/JWG 6）,负责推进中国主导的ISO/IEC 5888《网联汽车设备的网络安全要求及评估活动》等国际标准。2022年3月,工信部组织编制了《车联网网络安全和数据安全标准体系建设指南》,提出到2023年底,初步构建起车联网网络安全和数据安全标准体系；到2025年,形成较为完善的车联网网络安全和数据安全标准体系。国家工业信息安全发展研究中心牵头编制了《智能网联汽车数据安全评估指南》团体标准,并正式公开征求意见,旨在建立智能网联汽车数据安全评估体系,明确实施流程,为智能网联汽车相关企业自行开展数据安全评估工作提供参考。

3.2 网络安全事件处置和专项治理工作深入推进

近年来,随着网络信息技术的快速发展,一方面,恶意程序、网站攻击、数据泄露、DDoS攻击等网络安全事件层出不穷,网络灰黑产业链不断发展；另一方面,电信网络诈骗、网络赌博、侵犯公民个人信息等非接触式涉网违法犯罪多发,并衍生出其他新型犯罪,涉网犯罪数量、受害人规模和社会危害性持续增长。针对上述突出的网络安全问题,国家有关部门重点就公共互联网安全威胁、侵犯公民个人信息、电信网络诈骗、网络黑产等问题开展一系列专项治理工作,依法惩治网络空间违法乱象,取得显著成效。

3.2.1 公共互联网网络安全威胁治理持续开展

近年来,经过持续的公共互联网网络安全威胁治理,我国感染计算机恶意

---

[1] 《立足产业发展,构建车联网数据安全体系》,访问时间：2021年10月25日,https://www.tc260.org.cn/front/postDetail.html?id=20211025165352。

程序的主机数量持续下降并保持在较低感染水平，被植入后门的网站和被篡改的网站等数量均有所减少，境内DDoS攻击次数、攻击总流量、僵尸网络控制端数量也均有所下降。

2018年9月初，工信部组织基础电信运营商、网络安全专业机构、互联网企业和网络安全企业等召开恶意程序专项治理工作讨论会，重点对勒索病毒的工作原理、传播渠道、防范与处置措施等进行研究，并于月底印发《关于开展勒索病毒专项治理工作的通知》，组织各地通信管理局、电信和互联网行业企业、网络安全专业机构等开展联合监测与协同处置。经过网络安全巡查，发现基础电信运营商的重要系统存在弱口令和高危漏洞等60个安全问题。

2019年5至12月，中央网信办、工信部、公安部、市场监管总局4部门联合开展全国范围的互联网网站安全专项整治工作。专项整治工作对未备案或备案信息不准确的网站进行清理，对攻击网站的违法犯罪行为进行严厉打击，对违法违规网站进行处罚和公开曝光。此次专项整治的一大特点是加大对未履行网络安全义务、发生事件的网站运营者的处罚力度，督促其切实落实安全防护责任，加强网站安全管理和维护。

2021年，中国电信、中国移动和中国联通总计监测发现分布式拒绝服务攻击753018起，较2020年同期下降43.9%。全年，工信部网络安全威胁和漏洞信息共享平台总计接报网络安全事件10288799件，较2020年下降60.9%。2021年，62.0%的网民表示在下半年在上网过程中未遭遇过网络安全问题，与2020年12月基本保持一致。此外，遭遇个人信息泄露的网民比例最高，为22.1%；遭遇网络诈骗的网民比例为16.6%；遭遇设备中病毒或木马的网民比例为9.1%；遭遇账号或密码被盗的网民比例为6.6%。[1]

3.2.2　APP违法违规收集使用个人信息专项治理扎实推进

2019年以来，中央网信办、工信部、公安部和市场监管总局4部门联合持续开展APP违法违规收集使用个人信息专项治理，通过制定标准规范、受理网

---

[1] 第49次《中国互联网络发展状况统计报告》，访问时间：2023年4月19日，https://www.cnnic.net.cn/n4/2022/0401/c88-1131.html。

民举报、开展技术检测、发布问题通告、进行督促整改等方式，严厉打击和有效遏制了相关违法违规行为。

专项治理工作组相继开展一系列相关工作，包括在2019年3月编制并发布《APP违法违规收集使用个人信息自评估指南》；5月编制并公布《APP违法违规收集使用个人信息行为认定方法（征求意见稿）》；10月结合评估工作实践和各方征求意见，更新并公开《信息安全技术　个人信息安全规范（最新征求意见稿）》（GB/T 35273-2020）；10月结合评估工作实践和各方意见，更新并公开《移动互联网应用程序（APP）收集个人信息基本规范（最新草案）》；11月制定了《APP违法违规收集使用个人信息行为认定方法》。与此同时，建立公众举报受理渠道，截至2019年12月，共受理网民有效举报信息1.2万余条，核验APP共计2300余款。组织4部门推荐的14家专业技术评估机构对1000余款常用重点APP进行深度评估，发现大量强制授权、过度索权、超范围收集个人信息问题，对问题严重且不及时整改的，依法予以公开曝光或下架处理。

2020年，国内主流应用商店可下载的在架活跃APP达到267万款，安卓APP和苹果APP分别为105万款、162万款。为落实网络安全法，进一步规范APP对个人信息收集行为，保障个人信息安全，国家网信办会同工信部、公安部、市场监管总局持续开展APP违法违规收集使用个人信息治理工作，对存在未经同意收集、超范围收集、强制授权、过度索权等违法违规问题的APP依法予以公开曝光或下架处理。同年，在国家网络安全宣传周期间，中央网信办组织举办线上"个人信息保护主题论坛"和"APP个人信息保护"线下主题发布活动；完成首批18款APP个人信息安全认证证书发放工作，公开发布《关于81款APP存在个人信息安全收集使用问题的通告》，督促存在相关问题APP的运营者进行整改。

2021年，中央网信办、工信部等部门加强协同，重点聚焦违规调用手机权限、超范围收集个人信息等问题，大力推进APP专项整治，取得明显成效。根据个人信息保护法、数据安全法等相关法律法规，为进一步细化有关要求，工信部研究起草了《移动互联网应用程序个人信息保护管理规定》，并向社会公开征求意见。同时，推动制定《APP收集使用个人信息最小必要评估规范》等相关行业标准，为APP的治理工作提供了政策和标准保障。针对用户反映强烈的APP开屏弹窗信息"关不掉、乱跳转"的问题，工信部开展了专项整治，推动主要互联网企业基本解决了相关问题。尤其是在重要节假日等关键的时间节点，聚焦假日出行、住宿等民生服务类APP开展专项检查，全年累计开展了12批次技术抽检，通报了1549款违规APP，下架了514款拒不整改的APP。进一步强化技术检测的手段建设，大幅提升全国APP技术检测平台自动化检测能力，累计对208万款APP进行技术检测，基本实现了对国内主要互联网企业APP的全覆盖。此外，工信部组织相关协会多次召集互联网企业召开APP个人信息保护监管会，面向近千家企业组织开展了16次培训，督促企业强化红线意识，不断完善内部治理，从源头推动企业合规经营。同年11月，工信部聚焦影响用户服务感知的关键环节，组织开展了信息通信服务感知提升行动（以下简称"524行动"），督促企业建立个人信息保护的"双清单"，完善手机隐私政策和权限调用管理，提升客服服务能力，形成服务提质和感知提升良性互动。

由公安部、中央网信办牵头，建立跨部委打击危害公民个人信息和数据安全违法犯罪长效机制，联合打击整治侵犯公民个人信息违法犯罪活动。2016年以来，公安部部署全国公安机关，开展打击整治网络侵犯公民个人信息犯罪专项行动、打击整治黑客攻击破坏犯罪和网络侵犯公民个人信息犯罪专项行动，在"净网2018""净网2019""净网2020"专项行动中，持续重拳打击整治侵犯公民个人信息违法犯罪活动，侦破侵犯公民个人信息案件1.7万余起，发现并通报一大批涉及金融、教育、电信、交通、物流等重点行业信息系统及安全监管漏洞，打掉了一批非法采集、贩卖公民个人信息的公司。与此同时，还公布了2019年以来公安机关侦破的10起侵犯公民个人信息违法犯罪典型案件。[1]

通过常态化的投诉举报受理机制，进一步强化社会监管作用，有效遏制APP违法违规收集使用个人信息行为。2021年1月至2022年5月，中国网络空间安全协会APP专项治理工作组累计接到APP违法违规收集使用个人信息投诉举报信息约3.6万条。监测发现，APP无隐私政策问题呈现下降趋势，截至2022

---

[1] 公安部官网公布的《公安部公布十起侵犯公民个人信息违法犯罪典型案件》，访问时间：2020年4月15日，https://app.mps.gov.cn/gdnps/pc/content.jsp?id=7457829。

年5月，该问题占比由2019年最高时的26%下降到6.7%。在近期新上架的应用程序中，该问题已基本清零。同时，对存在该问题的8.1万个存量应用程序进行下架处理。2022年的"3·15"晚会首次设立"3·15信息安全实验室"，针对消费者日常生活中容易忽视的信息安全隐患，进行专业场景式测试，及时发出风险预警，促使APP运营者履行个人信息保护责任与义务。2022年11月，针对人民群众反映强烈的APP以强制、诱导、欺诈等恶意方式违法违规处理个人信息行为，国家网信办依据个人信息保护法、《APP违法违规收集使用个人信息行为认定方法》等法律法规规定，依法查处"超凡清理管家"等135款违法违规APP。经查，"超凡清理管家"等55款APP存在强制索要非必要权限、未经单独同意向第三方共享精确位置信息、无隐私政策、超范围收集上传通讯录等问题，违反个人信息保护法等法律法规规定，性质恶劣，依法予以下架处置；"东方头条"等80款APP存在频繁索要非必要权限、首次启动未提示隐私政策、未告知相关个人信息处理规则、默认勾选隐私政策、无法或难以注销账号等问题，违反个人信息保护法等法律法规规定，依法责令限期1个月完成整改，逾期未完成整改的，依法予以下架处置。

3.2.3 全国打击治理电信网络诈骗违法犯罪取得明显成效

习近平总书记对打击治理电信网络诈骗犯罪工作做出重要指示：要坚持以人民为中心，统筹发展和安全，强化系统观念、法治思维，注重源头治理、综合治理，坚持齐抓共管、群防群治，全面落实打防管控各项措施和金融、通信、互联网等行业监管主体责任，加强法律制度建设，加强社会宣传教育防范，推进国际执法合作，坚决遏制此类犯罪多发高发态势，为建设更高水平的平安中国、法治中国做出新的更大的贡献。

2020年，公安部与有关部门认真贯彻落实党中央决策部署，齐抓共管，密切协作，全力推动打击治理电信网络诈骗违法犯罪工作取得明显成效。全年共破获电信网络诈骗案件32.2万起，抓获犯罪嫌疑人36.1万名，止付冻结涉案资金2720余亿元，劝阻870万名群众免于被骗，累计挽回经济损失1870余亿元，有力维护了人民群众财产安全和合法权益。自2020年初国务院打击治理电信网络新型违法犯罪工作部际联席会议部署开展新一轮打击治理专项行动以来,公安部连续组织"长城""云剑"等行动,抓金主、铲窝点、打平台、断资金,重拳打击涉疫诈骗犯罪,精心组织高发类案件集群战役,先后15次开展全国集中收网。公安部会同中国电信、中国联通、中国移动等运营商依托线索快打机制,捣毁境内诈骗窝点1.1万个,抓获嫌疑人6.9万名。为进一步遏制电信网络诈骗犯罪,公安部会同工信部、中国人民银行、最高人民法院、最高人民检察院和三大电信运营商联合开展"断卡"行动。工信部部署开展专项治理和联合督导,整治收卡贩卡顽瘴痼疾;中国人民银行开展专项检查,先后对3000余家银行和支付机构约谈通报、限期整改,在全国范围内惩戒2.6万名失信人员;电信运营商积极履责,堵塞漏洞;最高人民法院、最高人民检察院和公安部研究明确刑事政策,突出打击"卡商卡贩"和"行业内鬼"。截至2021年4月,全国共打掉"两卡"违法犯罪团伙1.2万个,抓获犯罪嫌疑人21.3万名,缴获手机卡328.6万张、银行卡19.1万张,查处行业"内鬼"422名,惩处营业网点、机构1.2万个。为有效预警防范诈骗违法犯罪活动,切实保护人民群众财产安全,公安部会同中国人民银行、原中国银行保险监督管理委员会(以下简称原银保监会)持续完善止付冻结工作机制,及时推送预警信息,劝阻群众免于被骗;会同中央网信办、电信部门建立常态化拦截封堵机制,封堵涉诈域名、网址182万个,诈骗电话7.3亿次,短信15亿余条。中共中央宣传部(以下简称中宣部)组织新闻媒体开展形式多样的反诈宣传,国家反诈中心官方APP、96110反诈专线等及时发布预警信息,揭露诈骗手法,有效提高了群众防骗意识和识骗能力。

2021年4月,习近平总书记做出重要指示,要求注重源头治理、综合治理,加强法律制度建设,为打击治理工作指明了前进方向、提供了根本遵循。2021年4月底,全国人大常委会法制工作委员会牵头,会同公安部、工信部、中国人民银行等部门抓紧推进反电信网络诈骗立法工作。2021年10月19日,反电信网络诈骗法草案提请十三届全国人大常委会进行初次审议。10月23日,草案文本公开向社会征求意见,吸引了社会各界的广泛关注和参与。

针对日益猖獗的电信网络诈骗现象,2022年4月,中共中央办公厅、国务院办公厅印发《关于加强打击治理电信网络诈骗违法犯罪工作的意见》,对治理电信网络诈骗违法犯罪工作进行部署。2022年6月，全国人大常委会就《中华人民共和国反电信网络诈骗法（草案二次审议稿）》公开征求意见，该审议稿提出了打击电信网络诈骗行为的基本法律框架，在进一步总结反诈工作经验的基础上，着力加强预防性法律制度构建，加大对违法犯罪人员的处罚力度。2022年9月2日，十三届全国人大常委会第三十六次会议表决通过《中华人民共和国反电信网络诈骗法》（以下简称反电信网络诈骗法），于2022年12月1日起施行。反电信网络诈骗法共七章50条，包括总则、电信治理、金融治理、互联网治理、综合措施、法律责任、附则等，坚持以人民为中心，统筹发展和安全，立足各环节、全链条防范治理电信网络诈骗，精准发力，为反电信网络诈骗工作提供有力法律支撑。

国家反诈中心在2022年上半年共排查涉诈网址87.8万个、APP 7.3万个、跨境电话7.5万个，并把它们纳入国家涉诈黑样本库。截至2022年4月，国家涉诈黑样本库已涵盖并处置涉诈网址318.7万个、APP 46.9万个、跨境电话39.7万个，互联网预警劝阻平台发出的预警超过6亿人次。[1] 2022年5月，公安部公布5类高发电信网络诈骗案件，指出刷单返利、虚假投资理财、虚假网络贷款、冒充客服、冒充公检法占比近80%。其中，刷单返利类诈骗案件发生率最高，占诈骗案件总数的三分之一左右；虚假投资理财类诈骗涉案金额最大，占全部涉案金额的三分之一左右。[2] 2022年，公安部组织部署全国公安机关，持续向电信网络诈骗犯罪发起凌厉攻势，全年立案数同比下降12.3%，破案数同比上升5%。公安部着力斩断电诈犯罪链条、摧毁电诈犯罪网络、挤压电诈犯罪空间，组织华南、华东和京津冀片区的区域会战，发起集群战役78次；国家反诈中心推送预警指令6546万条，预警准确率达79.9%，会同有关部门拦截诈骗电话2.8亿次、短信4亿条，封堵涉诈域名网址81.9万个，有力保护了人民群众的财产安全，实现立案数连续15个月同比下降。[3]

---

[1] 《国家网信办曝光一批电信网络诈骗典型案例》，访问时间：2022年4月14日，http://www.cac.gov.cn/2022-04/14/c_1651546285887220.htm。

[2] 《公安部公布五类高发电信网络诈骗案件》，访问时间：2022年5月11日，https://news.cctv.com/2022/05/11/ARTI8 OVaWxwLSPuYQOjAVEux220511.shtml。

[3] 《公安部："百日行动"以来拦截诈骗电话2.8亿次》，访问时间：2022年9月27日，http://www.rmzxb.com.cn/c/2022-09-27/3211266.shtml。

3.2.4 网络黑产集中治理工作深入推进

近年来,国家相关部门重点针对"黑卡黑号"、网络接码平台、摄像头偷窥等网络黑灰产业开展了集中专项治理工作,有效清理互联网黑产资源。2019年,CNCERT/CC依托中国互联网网络安全威胁治理联盟(China Cyber Threat Governance Alliance,英文简称CCTGA),加强信息共享,支撑有关部门开展网络黑产治理工作,互联网黑产资源得到有效清理。每月活跃"黑卡"总数从约500万个逐步下降到约200万个,降幅超过60%。同年底,用于浏览器主页劫持的恶意程序月新增数量由65款降至16款,降幅超过75%;被植入赌博暗链的网站数量从1万余个大幅度下降到不超过1000个,互联网黑产违法犯罪活动得到有力打击。公安机关在"净网2019"行动中,关掉各类黑产公司210余家,捣毁、关停买卖手机短信验证码或帮助网络账号恶意注册的网络接码平台40余个,抓获犯罪嫌疑人1.4万余名,"黑卡"和"黑号"等黑产链条遭到重创,犯罪分子受到极大震慑。

2021年5至8月,中央网信办、工信部、公安部、市场监管总局在全国范围组织开展涉摄像头偷窥等黑产的集中治理,对人民群众反映强烈的非法利用摄像头偷窥个人隐私画面、交易隐私视频、传授偷窥偷拍技术等侵害公民个人隐私行为进行集中治理。中央网信办指导各地网信办督促各类平台清理相关违规有害信息3万余条,处置平台账号5600余个、群组138个,下架违规产品3000余件,注销网站2家,对700余家企业联网摄像头开展梳理排查,发现并处置摄像头相关的安全隐患90余个。工信部全面排查联网摄像头存在的安全隐患,发现摄像头设备漏洞4.8万个,其中弱口令漏洞4.6万个,完成漏洞取证1.1万余个,完成漏洞处置1079个。公安部组织全国公安机关依法严打提供摄像头破解软件工具、对摄像头设备实施攻击控制、制售窃听窃照器材等违法犯罪活动,破获案件17起,抓获犯罪嫌疑人74名,查获非法控制的网络摄像头使用权限2.6万余个,收缴窃听窃照器材1500余套。市场监管总局组织召开互联网平台企业行政指导会,要求平台企业严格履行主体责任,强化对平台内假冒伪劣摄像头等商品的治理,并要求限期一个月完成全面整改。经过集中治理,相关被黑产利用的视频监控APP、摄像头设备漏洞已经被修复,互联网上流通的摄像头偷窥黑产工具基本全部失效，监测发现的被黑产攻击控制的45.2万个摄像头已无法再被随意偷窥，集中治理工作取得积极成效。

2022年6月，公安部"百日行动"统一部署，坚持"全链打击、生态治理"策略，对严重危害网络秩序和群众权益的突出违法犯罪及网络乱象发起凌厉攻势，开展多轮次集群战役。截至8月底，共侦办案件9100余起，抓获犯罪嫌疑人1.3万名，行政处罚违法违规互联网企业523家，其中，集中侦破"网络水军"案件147起，抓获违法犯罪嫌疑人1285名，依法关停"网络水军"账号21万余个、非法网站185个，清理网上违法有害信息12.7万条，解散涉案网络群组6.3万个，侦办黑客攻击类案件261起，抓获犯罪嫌疑人1160名。针对不法分子非法生产、销售窃听窃照专用器材，偷拍群众隐私并网上传播售卖等严重侵犯人民群众隐私违法犯罪活动，"百日行动"侦破案件74起，抓获犯罪嫌疑人423名，捣毁制售窃听窃照专用器材窝点48个，查获相关器材及零部件8.6万件。2022年9月，按照全国扫黑除恶专项斗争领导小组部署要求和2022年常态化开展扫黑除恶专项斗争工作安排，公安部会同中宣部、中央网信办、最高人民法院、最高人民检察院、工信部、司法部、中国人民银行、原银保监会联合印发通知，部署在全国开展为期一年半的打击惩治涉网黑恶犯罪专项行动，全力推动常态化扫黑除恶斗争在信息网络空间持续纵深开展，截至2023年2月，共打掉涉网黑恶犯罪团伙400余个，其中黑社会性质组织20余个，恶势力犯罪集团320余个，其他涉恶犯罪团伙50余个，破获各类案件8800余起。

3.2.5 "净网"专项行动持续开展

公安部自2018年起每年部署组织全国公安机关开展"净网"专项行动，聚焦集群战役和专项整治，以人民群众满意、网络秩序安定为目标，针对侵犯公民个人信息、黑客攻击破坏、网络赌博、网络诈骗、恶意APP、违法网站（栏目）等案件进行常规打击，突出治理暗网犯罪、"网络水军"、网络黑产、网络组织考试作弊等，同时实施相关安全监督检查，不断压缩涉网犯罪活动空间，切断网络犯罪利益链条，净化网络空间环境。五年来，侦破网络犯罪案件25.5万起，抓获犯罪嫌疑人38.5万名，共对16.2万家违法互联网企业、单位依法予以行政处罚，网络空间安全和网上秩序稳定得到有力维护。

2018年，"净网2018"专项行动共侦破各类网络犯罪案件5.7万余起，抓获犯罪嫌疑人8.3万余名，行政处罚互联网企业及联网单位3.4万余家次，清理违法犯罪信息429万余条，专项打击整治工作取得了显著成效。

2019年，"净网2019"共侦破网络犯罪案件5.9万起，抓获犯罪嫌疑人8.8万名。其中，网络赌博类案件8300余起，侵犯公民个人信息类案件5000余起，网络淫秽色情类案件3300余起，黑客攻击破坏类案件2200余起。行政处罚互联网站及联网单位7.8万家次，下架违法违规APP3.1万个。

2020年，全国公安机关深入推进"净网2020"专项行动，全年共侦办网络犯罪案件5.6万起，抓获犯罪嫌疑人8万余名。其中，侦办侵犯公民个人信息类案件6524起，抓获犯罪嫌疑人1.3万名；侦办黑客攻击及新技术犯罪案件1782起，抓获犯罪嫌疑人2975名；侦办网络黑产类案件1万余起，抓获犯罪嫌疑人1.5万名，扣押"手机黑卡"548万余张，查获涉案网络账号2.2亿余个，及时阻止1850万余张物联网卡流入黑市。

2021年，"净网2021"专项行动重点针对侵犯公民个人信息、黑客攻击破坏、非法制售使用窃听窃照专用器材等网络违法犯罪行为，全年共侦办案件6.2万余起，抓获犯罪嫌疑人10.3万余名，行政处罚违法互联网企业、单位2.7万余家。其中，侦办侵犯公民个人信息、黑客等重点案件1.8万余起，打掉为赌博、诈骗等犯罪提供资金结算、技术支撑、引流推广等服务团伙6000余个，查处非法侵入计算机信息系统、非法获取系统数据人员3000余名，抓获行业内部人员680余名；针对网络黑灰产"黑卡""黑号""黑线路""黑设备"四类网络犯罪的重要"作案物料"，坚持追源头、挖内鬼、查厂商、断平台，抓获"卡商""号商"等犯罪嫌疑人3万余名，扣押手机黑卡300余万张，查获网络黑号1000余万个，缴获"猫池"、GOIP等黑产设备1万余台；铲除涉未成年人淫秽色情网站16个，摧毁"小圈"APP、"柚子直播"等多个涉黄直播、网络招嫖平台，查获非法控制的网络摄像头、窃照器材及零部件6000余件。

2022年，"净网2022"专项行动坚持"全链打击、生态治理"，共侦办案件8.3万起。其中，组织对造谣引流、舆情敲诈、刷量控评、有偿删帖4类常见"网络水军"违法犯罪发起集群战役，侦破"网络水军"案件550余起，关闭"网络水军"账号537万个，关停"网络水军"非法网站530余个，清理网上违法有害信息56.4万余条；针对不法分子恶意窃取公民个人信息用于实施犯罪等突出情况，累计侦办侵犯公民个人信息案件1.6万余起；针对智能化、隐蔽式的网络攻击活动累计侦办案件1300余起；针对不法分子非法生产、销售窃听窃照专用器材，偷拍群众隐私并网上传播售卖等严重侵犯人民群众隐私违法犯罪活动，累计侦办案件340余起，打掉非法窃听窃照专用器材生产窝点90余个，缴获窃听窃照专用器材14.1万件；针对为电信网络诈骗、网络赌博等犯罪提供非法支付结算、技术支持、推广引流、物料支撑的黑产，侦破相关案件3.1万起，打掉各类犯罪团伙8700余个。

3.2.6 依法严惩涉疫情网络违法犯罪行为

为切实做好疫情防控工作，根据相关法律法规及新冠疫情防控相关政策规定，深化网络安全保障工作，依法对涉疫情网络违法犯罪行为予以严厉打击。2020年，《2020年教育信息化和网络安全工作要点》《2020年农业农村部网络安全和信息化工作要点》《2020年自然资源部网络安全与信息化工作要点》等部门文件相继发布，持续服务本领域信息化的推进和网络安全保障工作。此外，各部委密集发布相关政策，确保疫情期间本领域网络安全。国家卫生健康委员会发布的《关于加强信息化支撑新型冠状病毒感染的肺炎疫情防控工作的通知》指出，加强网络信息安全工作，以防攻击、防病毒、防篡改、防瘫痪、防泄密为重点，畅通信息收集发布渠道，保障数据规范使用，切实保护个人隐私安全，防范网络安全突发事件，为疫情防控工作提供可靠支撑。2月6日，最高人民法院、最高人民检察院、公安部、司法部联合制定了《关于依法惩治妨害新型冠状病毒感染肺炎疫情防控违法犯罪的意见》，提出依法严惩在信息网络或者其他媒体上造谣传谣。2月9日，中央网信办发布了《关于做好个人信息保护利用大数据支撑联防联控工作的通知》，明确为疫情防控、疾病防治收集的个人信息，不得用于其他用途。2月14日，工信部印发了《关于做好疫情防控期间信息通信行业网络安全保障工作的通知》，要求各相关单位重点做好保障重点地区重点用户网络系统安全、加强信息安全和网络数据保护、进一步强化责任落实和工作协同等工作。疫情发生后，各省（自治区、直辖市）通信管理局加强疫情防控信息系统网络安全监测力度，积极助力疫情联防联控工作。

截至2020年3月，全国公安机关网安部门会同有关部门抓获利用疫情实施网络诈骗嫌疑人2444名，抓获网上制售假冒伪劣口罩、防护服等嫌疑人2234名，有力打击了网上涉疫情违法犯罪。截至4月7日，全国检察机关共审查批准逮捕涉疫情刑事犯罪案件2718件3275人，审查提起公诉1862件2281人，其中依法批准逮捕诈骗罪1588件1675人，起诉881件926人。截至2022年2月，全国检察机关共批准逮捕涉疫情案件7047件9377人，不捕1584件2528人；起诉11340件15666人，不诉1437件2393人。

3.2.7　多措并举防范处置勒索软件威胁

2021年11月，CNCERT/CC联合国内头部安全企业成立中国互联网网络安全威胁治理联盟勒索软件防范应对专业工作组，从勒索软件信息通报、情报共享、日常防范、应急响应等方面开展勒索软件防范应对工作，有效打击相关犯罪活动。截至2022年6月，共捕获勒索软件样本数量727万余个，监测发现勒索软件样本传播269万余次，涉及的勒索软件家族超过40个。同时，发布《国家互联网应急中心勒索软件动态周报》《勒索软件防范指南》等，帮助企事业单位和个人更好地认识、防范和处理勒索软件攻击威胁，提高对勒索软件的防范意识。

第四章

网络安全产业与技术蓬勃发展

六年来，我国网络安全政策法规持续完善，营商环境不断优化，网络安全企业合规意识逐步提升，产业规模不断发展壮大，核心技术攻关积极推进，产业体系日益完善，为维护国家网络空间安全、保障网络强国建设提供了有力产业支撑。

4.1 网络安全产业发展环境不断优化

网络安全产业是网络安全发展的底座。党的二十大报告对强化网络、数据等安全保障体系建设做出明确部署。《中华人民共和国国民经济和社会发展第十四个五年规划和2035年远景目标纲要》明确提出，"提升网络安全产业综合竞争力"。为贯彻落实网络强国的战略决策部署，国家相关部门陆续出台多项推动网络安全产业发展指导性文件，加强网络安全技术产业的规划和整体布局，加快推动网络安全产业高质量发展，我国网络安全产业和技术发展步入崭新阶段。

4.1.1 网络安全产业政策持续完善

为推动网络安全产业高质量发展，2019年9月，工信部公开征求对《关于促进网络安全产业发展的指导意见（征求意见稿）》的意见，提出发展网络安全产业的基本原则、发展目标和主要任务，为促进网络安全产业发展，提升网络安全技术支撑保障水平发挥积极作用。2021年7月，工信部起草《网络安全产业高质量发展三年行动计划（2021—2023年）（征求意见稿）》，进一步明确我国网络安全发展战略和规划布局。2022年11月，工信部会同原银保监会发布《关于促进网络安全保险规范健康发展的意见（征求意见稿）》，为加快推动网络安全产业和金融服务融合发展，提升网络安全产业综合实力提供了政策支撑，对促进网络安全产业高质量发展发挥重要作用。此外，广东、山东等多地陆续出台促进本地区网络安全产业发展的指导意见，在财政金融、人才培育、产业聚集等方面给予相关政策支持。北京市将网络安全产业作为全市优先发展的高精尖产业方向，坚持创新驱动，坚持开放合作，积极营造有利于网络安全产业良好发展的生态环境。在各方共同努力下，我国网络安全政策更加透明公开，重大项目相继落地，市场准入隐性壁垒逐步打破，市场主体活力充分激发，市场化法治化国际化营商环境逐步形成，营商环境的市场化、便利化程度大幅提高。

4.1.2 网络安全产业园区建设初见成效

在政策引导和市场需求双轮驱动下，网络安全产业集聚效应不断明显，"多点支撑、辐射全国、优势互补、协同发展"的网络安全产业园区布局初见成效。北京、湖南长沙国家网络安全产业园区建设有序推进，成渝、长三角、珠三角等产业基础优势逐步激发，网络安全产业发展迎来了重要机遇。2019年6月，《国家网络安全产业园区发展规划》正式发布，到2025年，依托国家网络安全产业园区（北京），建成我国国家安全战略支撑基地、国际领先的网络安全研发基地、网络安全高端产业集聚示范基地、网络安全领军人才培育基地、网络安全产业制度创新基地等"五个基地"。2019年12月，湖南长沙成为继北京之后全国第二个获批的国家网络安全产业园区。北京、湖南长沙国家网络安全产业园区建设已初见成效。成都、武汉、上海等地方都在加大网络安全产业布局，积极打造国家网络安全产业高地，网络安全产业集群效应初步显现。杭州、合肥等城市也积极布局网络安全产业，建立网络安全产业园，进一步加大产业发展扶持。2020年工信部遴选河南郑州、北京顺义、安徽合肥、重庆合川、江西鹰潭、浙江杭州等地设立网络安全创新应用先进示范区，着力打造具有专业特色和较强辐射带动作用的区域增长极。

（1）北京国家网络安全产业园区建设成果持续扩大。2022年2月，国家网络安全产业园区（通州园）与大数据协同安全技术国家工程研究中心签署战略合作框架协议，支持企业技术创新，促进关键技术研发和成果转化。2022年5月，《北京市数字经济发展规划》发布，提出鼓励安全咨询设计、安全评估等数据安全服务业发展。截至2022年2月，已有近70家网络安全相关企业集聚通州园，其中卫达信息等7家企业获得北京市"专精特新"中小企业称号。[1]

（2）长沙国家网络安全产业园区建设取得阶段性进展。2021年一季度，长沙国家网络安全产业园区的"四大中心"——城市网络安全运营中心、信创产业协同适配中心、工业互联网安全应用推广中心及网络安全测试认证中心全部建设完成并投入运营。截至2021年10月，长沙先进计算与信息安全产业链上的企业增加到201家，总产值增加到140亿元。近三年，长沙国家网络安全产业园区共引进重点项目47个，总投资金额达到625.4亿元。飞腾、麒麟、华为鲲鹏、奇安信、深信服等行业领军企业全部入驻该园区，逐渐呈现出产业集聚效应。[2] 2022年，国家网络安全产业园区（长沙）把培育发展新一代自主安全计算系统产业集群作为重要抓手，逐步形成覆盖芯片、操作系统、整机、软件、网络安全服务等全领域的产业链条。

（3）新规划的网络安全产业园区建设步伐加快。2022年5月，工信部批复《国家网络安全产业园区（成渝地区）创建方案》，支持建设国家网络安全产业园区（成渝地区），这是首个获批的跨省域国家级网络安全产业园区。2022年1月，上海市发布《上海市建设网络安全产业创新高地行动计划（2021—2023年）》，正式成立上海市网络安全产业示范园，按照建设规划，该网络安

---

[1] 《重磅！这个国家级机构签约副中心！将建试点，力推这些大事——》，访问时间：2022年2月7日，https://mp.weixin.qq.com/s?_biz=MzIxMDIwNjY2Mg==&mid=2247644640&idx=1&sn=acab38cfe6f0f814b74359d481aa5b2f&chksm=9764df49a013565f8bd280e2a5ee8722229be48caf81b37fee59d041619e3cbf0c7b44b2ce36&scene=27。

[2] 《长沙，22！|进发！长沙迈向国家信息安全产业发展高地》，访问时间：2021年10月15日，https://cs.rednet.cn/content/2021/10/15/10299047.html。

图4-1　首批国家网络安全教育技术产业融合发展试验区授牌仪式现场

（图片来源：《中国网信》杂志）

全产业示范园将成为一个产业集群新高地，政府牵头引导社会资本发起成立不低于20亿元的网络安全产业基金，资助网络安全产业发展。

4.1.3　国家网络安全教育技术产业融合发展试验区建设积极推进

为探索网络安全教育技术产业融合发展的新机制新模式，形成一系列鼓励和支持融合发展的制度和政策，培育一批支撑融合发展的创新载体，推动在全国范围内形成网络安全人才培养、技术创新、产业发展的良好生态，2022年9月，中央网信办、教育部、科技部、工信部共同实施国家网络安全教育技术产业融合发展试验区建设。2022年国家网络安全宣传周开幕式上，首批国家网络安全教育技术产业融合发展试验区授牌。首批国家网络安全教育技术产业融合发展试验区分别为：安徽省合肥高新技术产业开发区、北京市海淀区、陕西省西安市雁塔区、湖南省长沙高新技术产业开发区、山东省济南高新技术产业开发区。

试验区的建设主要从四个方面开展，包括创新网络安全教育模式，主要围绕建立校企联合培养机制、建立网络安全实训新机制、探索特殊人才评价新机制等开展试验；加强网络安全技术创新，重点围绕建设新型研发机构、建立成果转化激励制度等开展试验；优化网络安全产业环境，重点围绕支持新技术新产品应用、实施大学生创业计划、探索网络安全公共服务模式等开展试验；促进网络安全资源共享，重点围绕共享网络安全基础设施、汇聚区域网络安全数据、建设常态化宣传教育平台等进行试验。

4.2 网络安全市场快速发展

我国各行业处在数字化转型的关键时期，国家在科技专项上的支持不断加大，新技术新应用不断涌现，面对日益严峻的网络安全威胁态势，网络安全需求强劲，伴随着国内激励政策红利持续释放，企业产品逐步成熟和不断创新，我国网络安全产业取得快速发展，网络安全产业进入发展黄金期。

4.2.1 网络安全市场规模不断增长

中国网络安全产业联盟（China Cybersecurity Industry Alliance，以下简称CCIA）数据显示[1]，2017年我国网络安全市场规模约为334亿元，2022年我国网络安全市场规模达到633亿元，比五年前将近翻了一番，如图4-2所示。随着数据安全法、个人信息保护法和《关键信息基础设施安全保护条例》等政策的实施，云计算、人工智能、大数据、5G等技术的应用范围不断扩大，企业在运用新技术提高自身效率的同时也面临着更多网络威胁，促使其不断加大在网络安全上的投入，这将会进一步激发安全市场需求，预计未来三年我国网络安全市场将保持每年10%以上的增速，到2025年市场规模预计将超过800亿元。

根据统计2018年至今，我国网络安全客户总量超过15.8万家，2022年跟踪到有网安项目采购行为的客户有67183家，过去三年持续在网络安全投入的客户超过2万家。[2] 从区域分布情况来看，我国网络安全客户分布与GDP有较强相关性，呈现区域聚集效应。从行业角度来看网络安全市场项目分布，政府行业因客户数量多，政策监管严格，项目需求量大，在行业中依然占据主导。

---

1 《中国网络安全产业分析报告（2021年）》《中国网络安全市场与企业竞争力分析（2023）》。
2 《2023年中国网络安全市场与企业竞争力分析》，访问时间：2023年9月4日，http://www.china-cia.org.cn/home/WorkDetail?id=649806890200330f44492dbb。

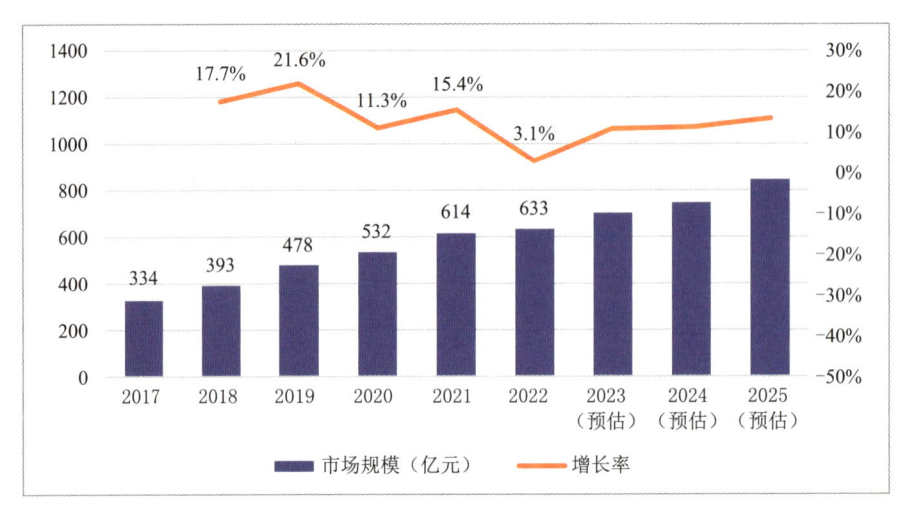

图4-2 2017年以来中国网络安全市场规模及增速

(数据来源：CCIA发布的《中国网络安全产业分析报告（2022年）》)

4.2.2 网络安全资本市场略有波动

我国网络安全资本市场按照公司是否上市可以划分为一级市场和二级市场。截至2022年7月，我国已公开上市的网络安全公司共有24家。研究显示，我国网络安全上市公司总市值规模从2018年底开始急剧增长，2020年创历史新高，总市值接近4000亿元。2022年5月回落至近2000亿元，总市值下降幅度高达50%。[1] 2021年以来网络安全产业总体市值和估值都跟随市场经历了一轮较大的调整。当下，网安产业总体估值处于较低水平。"十四五"期间，网络安全的重要性越来越凸显，网络安全行业成长确定性较强。在成长性确定和低估值的双因素推动下，网络安全产业未来将会吸引更多资本的关注。

4.2.3 网络安全投融资发展较快

根据CCIA统计，2017年我国网络安全行业全年投融并事件共有110起，金

---

1 《中国网络安全产业分析报告（2022年）》，访问时间：2023年9月4日，https://www.wanxiaozhan.cn/report/pdf/2022/2022-11/2022-11-14/2022%E5%B9%B4%E4%B8%AD%E5%9B%BD%E7%BD%91%E7%BB%9C%E5%AE%89%E5%85%A8%E4%BA%A7%E4%B8%9A%E5%88%86%E6%9E%90%E6%8A%A5%E5%91%8A-CCIA-202210.pdf。

图4-3 2012年至2022年6月30日国内网络安全领域投融资事件

(数据来源：CCIA发布的《中国网络安全产业分析报告（2022年）》)

额为57.7亿元；2021年网络安全行业全年投融并事件共有175起，行业投资项目数量相比2020年提升31%，全年行业融资金额达到125.2亿元，相较于2020年增长了35.1%，比2017年翻了一番。2022年上半年，尽管疫情反复，但是一级市场对网络安全的投资热情并未出现明显下滑。截止到2022年6月底，网络安全融资事件共57起，投资额达到41.5亿元，详见图4-3。

4.2.4 网络安全行业竞争加剧

近些年，我国互联网企业由小到大、由弱变强，在稳增长、促就业、惠民生等方面发挥了重要作用。受外部环境影响、国家政策驱动、应用场景变迁、资本市场助力、全民安全意识提升等多方面因素作用，我国网络安全行业进入群雄逐鹿、百花齐放的时代。国内企业积极探索、勇于创新，新技术、新产品不断涌现，我国从事网络安全的企业数量不断增长，整体实力不断提升。

1. 网络安全市场集中度进一步提升

当下我国网络安全市场进入稳健增长阶段，头部企业规模和资源的优势进一步凸显。2018至2022年网络安全头部企业的市场份额呈现出上升趋势，尤其是

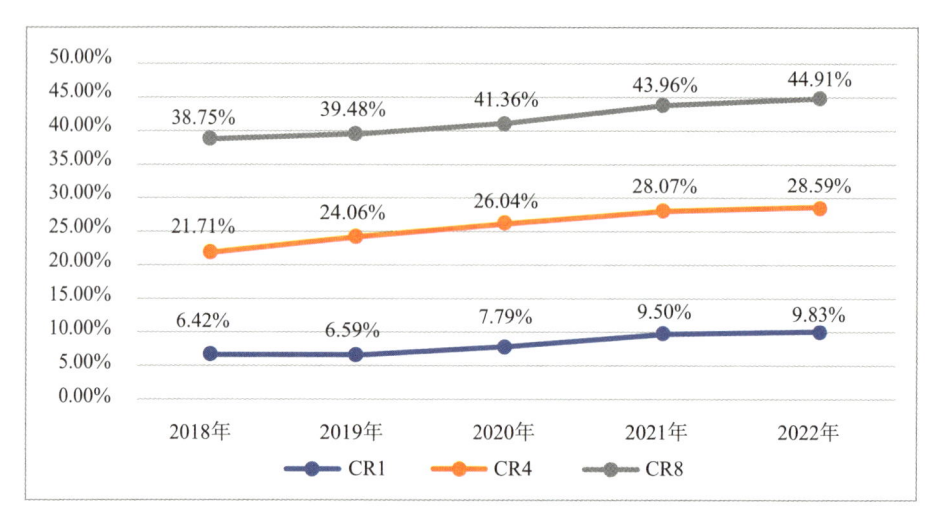

图4-4 近五年中国网络安全行业集中度分析

（数据来源：CCIA发布的《2023年中国网络安全市场与企业竞争力分析》）

前四名企业的市场份额已经从2018年的21.71%提升到2022年的28.59%，显示出我国网络安全市场集中度进一步提升，市场向少数领先企业集中的趋势。近五年我国网络安全行业集中度[1]分析如图4-4所示，网络安全行业进入门槛逐步提高，行业竞争加剧，网络安全创业企业需要找到创新和差异化的方式保持竞争力。

研究显示，奇安信、启明星辰、深信服和天融信四家头部网络安全企业的市场占有率均超过了5%，大部分头部企业收入增速高于行业平均增速。2022年头部企业市占率相比上一年小幅提升，预计未来两三年内，头部企业市占率仍将保持小幅增长趋势。

2. 传统和新兴网络安全企业同步发展

传统网络安全企业是网络安全领域的中坚力量，在近期的安全产品研发投向上，呈现出增强网络安全防御技术和扩大网络安全防护领域两大特征，一方面，探索以大数据、人工智能等为代表的新一代信息技术在网络安全领域的应

---

[1] 行业集中度（CRn）又称行业集中率或市场集中度（Market Concentration Rate），是指某行业的相关市场内前N家最大的企业所占市场份额（产值、产量、销售额、销售量、职工人数、资产总额等）的总和，是对整个行业的市场结构集中程度的测量指标，用来衡量企业的数目和相对规模的差异，是市场势力的重要量化指标。

用，提升网络安全防御的全局化和智能化；另一方面，大力研发针对5G、云计算、工业互联网、车联网、区块链等关键信息基础设施的安全防护技术。在"新基建"的推动下，网络安全建设与信息化建设逐渐同步，网络安全变成网络基础设施的一部分，互联网企业、电信运营商、设备厂商等网络基础设施建设主体都开始更多地参与网络安全建设，成为网络安全基础设施的新生力量。近年来，以阿里、腾讯、百度为代表的国内多家互联网企业纷纷布局网络安全，用互联网思维构建网络安全纵深防御体系，大型互联网企业的加入，为我国网络安全发展注入新的活力，也带来了新的机遇和变革，不断丰富和优化我国网络安全市场格局。[1]

4.3 网络安全技术创新综合能力稳步提升

习近平总书记多次强调，核心技术是国之重器。六年来，我国深入实施创新驱动发展战略，坚持加强基础研究、应用基础研究和关键核心技术攻关，汇聚推动攻克关键核心技术的强大合力，涌现出一批高新技术重大成果。量子信息、北斗导航全球组网、漏洞挖掘、大数据分析等网络安全核心技术攻坚取得积极进展，5G、云计算、大数据、工业互联网等新技术新业务的安全研究不断深化，网络安全技术的自主性、前沿性和创新性都有了较大提升。

4.3.1 网络安全技术发展有序推进

国家"十三五"信息化发展规划提出落实网络安全责任制，促进政府职能部门、企业、社会组织、广大网民共同参与，共筑网络安全防线。加强国家网络安全顶层设计，深化整体、动态、开放、相对、共同的安全理念，提升网络安全防护水平，有效应对网络攻击。为深入落实《国家中长期科学和技术发展规划纲要（2006—2020年）》任务部署，国家重点研发计划启动实施"网络空间安全"重点专项，按照网络与系统安全防护技术研究、开放融合环境下的数

---

[1] 中国信息通信研究院《中国网络安全产业白皮书》。

据安全保护理论与关键技术研究、大规模异构网络空间中的可信管理关键技术研究、网络空间虚拟资产保护创新方法与关键技术研究、网络空间测评分析技术研究等5个创新链（技术方向），共部署47个重点研究任务。此外，积极开展网络安全技术应用试点示范项目。2018年11月，工信部发布《关于开展网络安全技术应用试点示范项目推荐工作的通知》，重点引导支持网络安全防护、网络安全监测预警、网络安全应急处置、网络安全检测评估、新技术新应用安全等示范项目。2019年4月，经单位申报、地方推荐、专家评审、网上公示等环节，确定了101个网络安全技术应用试点示范项目。2022年1至10月，工信部围绕云安全、人工智能安全、大数据安全、车联网安全、物联网安全、智慧城市安全、网络安全共性技术、网络安全创新服务、网络安全"高精尖"技术创新平台等9个重点方向，组织遴选了99个技术先进、应用成效显著的试点示范项目，为促进网络安全先进技术协同创新和应用部署，推广网络安全最佳实践，提升网络安全产业发展水平发挥积极作用。

4.3.2 网络安全技术产品体系逐步完善

我国有着相对完整的网络安全产业技术布局。随着网络安全行业的迅猛发展，现有网络安全产品和服务基本从传统网络安全领域延伸到了云、大数据、物联网、工业控制、5G和移动互联网等不同的应用场景。基于安全产品和服务的应用场景、保护对象和安全能力，我国网络安全产品和服务已覆盖基础安全、基础技术、安全系统、安全服务等多个维度，网络安全产品体系日益完备，产业活力日益增强。随着网络安全产业近年的高速增长，目前产业链已经逐步建立，供需关系也相对明朗。在产业链上游，我国在芯片、操作系统、数据库、中间件等基础硬件和软件系统方面的技术基础仍较为薄弱，在引擎、算法和规则库等基础能力方面的技术能力则较为完善；在产业链中游，我国网络安全产品和服务整体发展较为稳固、技术布局相对完整；在产业链下游，党政军、企业用户是网络安全产品和服务主要的消费主体。[1]

---

1 中国信息通信研究院《中国网络安全产业白皮书（2020年）》，访问时间：2023年9月4日，http://www.caict.ac.cn/kxyj/qwfb/bps/202009/P020200916482039993423.pdf。

第四章 网络安全产业与技术蓬勃发展

```
┌─────────────────────────────────────────────────────┐
│               六大行业解决方案                      │
│  运营商   金融   能源   医疗卫生   教育   公检法司  │
├──────────────────┬──────────────────┬───────────────┤
│  六大基础安全领域 │  六大安全解决方案 │  四大应用场景 │
│ 端点安全  网络安全│ 零信任  数据安全治理│ 云安全  移动安全│
│ 应用安全  数据安全│ 威胁管理/XDR 开发安全│              │
│ 身份安全  安全管理│ 安全运营/MDR/MSS 安全访问服务边缘│ 工业互联网安全  物联网安全│
├─────────────────────────────────────────────────────┤
│                  十大安全服务                       │
│ 安全方案与集成  风险评估  应急响应  攻防实训/靶场  培训认证 │
│ 安全运维  渗透测试  红蓝对抗  安全意识教育  安全众测 │
└─────────────────────────────────────────────────────┘
```

图4-5　中国网络安全市场分类架构

（数据来源：数说安全、CCIA整理）

表4-1　中国网络安全产品与服务分类

类别	项目	子项目
基础安全领域	网络与基础架构安全	防火墙/UTM/第二代防火墙、上网行为管理、VPN/加密机、入侵检测与防御、网络隔离和单向导入、防病毒网关、网络安全审计、抗拒绝服务攻击（设备）、网络准入与控制、高级持续性威胁防护、网络流量分析、安全审计、DNS安全、应用交付/负载均衡、欺骗防御技术、SD-WAN
	端点安全	恶意软件防护、终端安全管理、终端检测与响应、主机/服务器加固
	应用安全	Web应用防火墙、Web应用安全扫描及监控、网页防篡改、邮件安全、API安全
	数据安全	数据安全治理、个人隐私保护、数据库安全、安全数据库、数据脱敏、数据泄露防护、电子文档管理与加密、存储备份与恢复
	身份与访问管理	身份认证与权限管理、运维审计堡垒机、特权账号管理、数字证书、硬件认证
	安全管理	安全管理平台/态势感知、日志分析与审计、网络安全资产管理、合规检查工具、安全基线与配置管理、脆弱性评估与管理、威胁管理、安全编排与自动化响应、安管一体机、城市级安全运营

| 67 |

续表

类别	项目	子项目
通用技术理念		威胁情报
		密码技术
		零信任
		开发安全
新兴应用场景	云安全	云操作系统、虚拟化安全产品、容器安全、微隔离、云工作负载保护平台、云安全资源池、虚拟化与超融合、云桌面、云身份管理、云抗D、云WAF
	移动安全	移动终端安全、移动应用安全、移动安全管理
	物联网安全	车联网安全、视频专网安全、其他
	工控安全	
业务安全	业务安全	舆情分析、反欺诈与风控、区块链安全、电子取证
安全服务	安全服务	安全方案与集成、安全运维、风险评估、渗透测试、应急响应、红蓝对抗、攻防实训/靶场、培训认证、安全意识教育、安全众测

4.4 网络安全行业组织助力产业发展

网络安全行业组织积极开展深入的行业调研、相关数据统计、行业论坛组织等工作，充分发挥了参谋助手和桥梁纽带作用，是推动网络安全发展、建设网络强国的重要力量，是网络安全队伍的重要组成部分。我国网络安全产业相关行业协会初具规模，且各地行业组织协会覆盖面不断扩大。

中国网络空间安全协会是中国首个网络安全领域的全国性社会团体，于2016年3月在北京成立。中国网络空间安全协会（以下简称协会）具有规格高、阵容强、公益性、行业性等特点，发起会员共257个，其中单位会员190多个，囊括了国内主要互联网企业和网络安全企业、权威科研机构、高校等，90%以上的协会理事是具有高级职称的研究人员或网络安全企业的领军人物，具有广泛的代表性和影响力。协会长期组织开展网络安全行业发展中长期研究，广泛开展网络安全行业的调研，摸清行业发展状态和底数，为行业发展提供基础支撑，建立公益性需求对接信息服务平台（网络安全供需服务专区）。自2019年以来，协会牵头建立形成常态化的"网络安全态势会商机制"，并组织开展了面向关键信息基础设施安全保护的支撑工作，包括撰写完成通识性读本，构建线上培训平台，开展试点培训工作，还发挥行业组织作用，协助办好网络安全宣传周、世界互联网大会网络安全展区、数字经济博览会、世界5G大会等活动。2020年，协会号召会员单位坚决贯彻落实党中央决策部署，积极投入疫情防控，履行社会责任。疫情期间，会员单位向多类机构，特别是医疗机构等抗疫一线单位提供了网络安全和信息化对口服务。2022年1月，协会召开"网络安全关键问题与创新发展交流座谈会"，有力提升了网络安全关键技术保障能力和创新发展服务能力，为促进网络安全产业发展发挥积极作用。从2022年4月中旬开始，协会向社会发起网络安全创新成果征集活动，收到包括政府部门、科研机构、高等院校、企业、投资机构、社会组织、媒体等在内的共180余份创新成果，推进了网络安全创新技术的推广和应用。

2015年12月，在北京成立的CCIA是中国网络安全行业首个全国性产业联盟。该联盟积极投身于网络安全产业发展，开展网络安全理论研究、技术研发、产品研制、测评认证、教育培训、安全服务等相关业务。联盟下设6个专业委员会，成员单位达到200多家。2018年，组织会员单位开展促进我国网络安全产业发展政策措施调研，为了解我国网络安全技术和产业发展存在的主要问题，制定我国网络安全技术和产业发展政策发挥积极作用。2019年，该联盟组织人员召开多次会议，研究《移动APP安全规范》《网络安全产品、服务提供商规范条件》标准编写工作；举办优秀网络安全解决方案和创新产品展览活动，在业界产生积极反响。此外，该联盟还积极服务企业"走出去"，例如组织企业参加RSA2019、Trustech 2019和CYBER TECH等。2021年10月，CCIA牵头举办网络安全产业发展论坛，探索网络安全产业和技术创新融合发展的新路径和新方法。2022年，联盟研制发布产业分析报告、技术专报、联盟技术规范等系列成果，搭建产业技术创新平台，加强行业自律建设，有序推动数据安全、网络安全服务、车联网安全、网络安全产品互联互通等重点领域相关工作。

中国（中关村）网络安全与信息化产业联盟（以下简称中国网信联盟）以整合资源、服务引领、协同创新、集群发展为宗旨，以建设国家网络强国为己任，致力于联合国内IT和网络安全企业，围绕着国家级产业创新技术与战略性问题研究、决策与咨询，工作重心聚焦于整合业内优势资源，逐步建立以企业为主体、以市场为导向的新型技术创新合作机制，为应用技术产品联合开发、科研基础条件共享等方面搭建平台，为改变信息安全小散乱格局，减少产品同质化、避免企业恶性竞争做努力，为建设网络强国汇聚企业力量。

中关村可信计算产业联盟（以下简称可信联盟）是由中国工程院沈昌祥院士提议，中国电子信息产业集团、中国信息安全研究院、北京工业大学、中国电力科学研究院等60家单位发起，经北京市民政局批准、具有法人资格的社会团体，成立于2014年4月16日。目前，联盟已发展到200多家会员单位，涉及国内可信计算产业链的各个环节，覆盖了"产学研用"各界。为贯彻落实国家网络安全法以及网络安全等级保护条例，可信联盟建设网络安全等级保护2.0与可信计算3.0攻关示范基地，搭建可信计算的关键技术联合攻关以及技术验证的环境，包括技术攻关、适配测试、典型示范和展示推广等四个业务支撑平台；依托各专委会标准制定工作和联合攻关示范基地工作，创新性地推动可信计算产品的联调联试工作取得初步成效，与公安部三所开展可信认证合作，伴随着可信产品测试的工作流程和测试内容的不断完善和深入，为保障等保2.0落地工作，打造了可信生态体系。

中国网络空间安全人才教育联盟（以下简称网教盟）成立于2018年9月5日，由从事网络空间安全相关教育、科研、产业、应用的高校、科研学术机构、企业单位、社会团体、事业单位，以及热衷于网络空间安全人才教育的个人共同自愿结成的全国性、行业性、非营利性、创新性组织。该联盟在中国产学研合作促进会的指导下，旨在发挥桥梁纽带作用，组织和动员全国网安领域的高校、科研院所、企业、事业单位和社会团体，从人才教育、培养、培训、认证以及就业等环节，探索科学可行的网安人才培养新模式，努力缩小国家网安人才需求缺口和短板，为国家网安事业发展提供有力的支撑。

第五章

网络安全人才培养能力与全民意识显著提升

人才是第一资源。近年来，各地方、各部门充分认识到网络安全学科建设和人才培养的重要性，将网络安全人才培养工作提到重要议事日程，出台了一系列政策、举措，支持网络安全学院学科专业建设，加快网络安全人才培养，加大全民网络安全意识宣传教育，我国网络安全人才培养能力显著提升，学科教育结构不断完善，国家网络安全人才建设取得重要进展，全社会网络安全意识明显加强，为实施网络强国战略、维护国家网络安全提供了强大人才保障。

5.1 网络安全人才需求持续扩大

我国网络安全人才缺口较大。2017年，中国重要行业信息系统和信息基础设施对于各类网络安全人才的需求量超过70万人，网络安全相关专业本硕博毕业生约1万人。[1] 据教育部网络空间安全教学指导委员会统计，2019年我国网络空间安全的人才缺口在70万到140万之间，而我国网络安全从业人员约为10

---

[1] 中国电子信息产业发展研究院《2016—2017年中国网络安全发展蓝皮书》。

万人，人才缺口比率达93%。随着信息技术创新发展和产业重组不断加快，在线办公、在线服务需求大规模增长，各行业对网络安全人才的需求显著上升。根据2021年《网络信息安全产业人才发展报告》显示，2021年上半年网络安全人才需求增幅达到39.87%，超过2019年的16.11%；53.88%的网络安全行业从业者认为，当前企业的网络安全人才队伍规模并不能满足工作需求，其中10.82%的从业人员认为企业的网络安全人才处于非常欠缺的状态。[1] 2022年一季度，网络安全人才需求同比增长5%。网络安全典型岗位在全行业中的占比翻倍，需求量同比增长87%。[2] 根据2022年国家网络安全宣传周上发布的《网络安全人才实战能力白皮书》，到2027年我国网络安全从业人员需求量约为327万人。

5.2　网络安全人才培养不断加大

我国各地各部门积极加强网络安全人才建设，网络安全人才培养体系不断完善，培养力度不断加强，网络安全人才培养取得积极成效。

5.2.1　网络安全学科建设逐步完善

网络安全学院学科专业建设和人才培养等体系不断完善。自2005年以来，我国政府先后发布《关于进一步加强信息安全学科、专业建设和人才培养工作的意见》《国务院关于大力推进信息化发展和切实保障信息安全的若干意见》等一系列涉及网络安全人才培养的文件，并于2007年组建教育部高等学校信息安全类专业教学指导委员会，不断加强信息安全学科建设，培养一支高素质的信息安全人才队伍。2015年6月，国务院学位委员会、教育部联合印发《关于增设网络空间安全一级学科的通知》，在"工学"门类下增设"网络空间安全"一级学科，授予工学学位。截至2022年，共39所高校获得首批网络空间安

---

[1] 工业和信息化部人才交流中心等联合发布的《2021网络信息安全产业人才发展报告》。
[2] BOSS直聘平台发布的《2022网络安全人才趋势报告》。

全一级学科博士学位授予资格（见表5-1）。[1] 2016年，中央网信办联合国家发展改革委等6部门出台《关于加强网络安全学科建设和人才培养的意见》，明确了网络安全学科建设和人才培养方向，为加快网络安全人才培养提供充分政策保障。

表5-1 网络空间安全一级学科博士学位授权点名单

序号	高校名称	备注	序号	高校名称	备注
1	清华大学	新增列	21	西安交通大学	新增列
2	北京交通大学	新增列	22	西北工业大学	新增列
3	北京航空航天大学	新增列	23	西安电子科技大学	新增列
4	北京理工大学	新增列	24	中国科学院大学	新增列
5	北京邮电大学	新增列	25	国防科技大学	新增列
6	哈尔滨工业大学	新增列	26	解放军信息工程大学	新增列
7	上海交通大学	新增列	27	解放军理工大学	新增列
8	南京大学	新增列	28	解放军电子工程学院	对应调整
9	东南大学	新增列	29	空军工程大学	对应调整
10	南京航空航天大学	新增列	30	复旦大学	2017年审核增列
11	南京理工大学	新增列	31	杭州电子科技大学	2017年审核增列
12	浙江大学	新增列	32	福建师范大学	2017年审核增列
13	中国科学技术大学	新增列	33	暨南大学	2017年审核增列
14	山东大学	新增列	34	海南大学	2017年审核增列
15	武汉大学	新增列	35	桂林电子科技大学	2017年审核增列
16	华中科技大学	新增列	36	广州大学	2017年审核增列
17	中山大学	新增列	37	南京邮电大学	2020年审核增列
18	华南理工大学	新增列	38	湖南大学	2020年审核增列
19	四川大学	新增列	39	北京电子科技学院	2020年审核增列
20	电子科技大学	新增列	40	南开大学	2021年自主审核增列

---

1 中国网络空间研究院《中国互联网发展报告2017》、教育部，解放军信息工程大学现为解放军战略支援部队信息工程大学，解放军理工大学现为解放军陆军工程大学，解放军电子工程学院已合并进入国防科技大学，实为39所。

网络安全相关教材编制被纳入重点工作。教育部专门设置网络安全教育指导委员会，编写专业教材指南、开设国家精品课程。2018年4月，教育部印发《关于加强大中小学国家安全教育的实施意见》，指导各地各校深入开展包括网络安全教育在内的国家安全教育工作。2019年2月，教育部办公厅印发《2019年教育信息化和网络安全工作要点》，明确提出要提升网络安全人才支撑和保障能力，编写《网络空间安全研究生核心课程指南》，继续加强网络空间安全、人工智能相关学科建设，加快推进网络安全领域新工科建设，推进产学合作协同育人。2020年9月，教育部印发《大中小学国家安全教育指导纲要》，将网络安全教育纳入国家安全教育范畴，覆盖国民教育各学段，融入教育教学活动各层面，贯穿人才培养全过程。

加大密码人才和数据安全人才培养。2021年秋季，西安电子科技大学、南开大学等7所高校开始招收第一批密码专业本科生。2022年，设立"密码科学与技术"本科专业的高校增加到13所，多所高校相继成立了密码学院。新修订的《研究生教育学科专业目录（2022年）》将密码专业正式列入其中，归入交叉学科门类。《中华人民共和国职业分类大典（2022年版）》增设密码工程技术人员新职业，人力资源和社会保障部、国家密码局联合发布《密码技术应用员国家职业技能标准》和《密码工程技术人员国家职业技术技能标准》，为进一步提升密码专业人才培养质量提供保障。

5.2.2 一流网络安全学院建设示范项目成效显著

为贯彻习近平总书记关于"下大功夫、下大本钱，请优秀的老师，编优秀的教材，招优秀的学生，建一流的网络空间安全学院"的重要指示精神，落实网络安全法关于支持网络安全人才培养的要求，2017年8月，中央网信办、教育部发布《一流网络安全学院建设示范项目管理办法》，决定在2017至2027年期间实施一流网络安全学院建设示范项目，探索网络安全人才培养新思路、新体制、新机制，形成4—6所国内公认、国际上具有影响力和知名度的网络安全学院。根据管理办法，2017年9月，评选出西安电子科技大学、东南大学、武汉大学、北京航空航天大学、四川大学、中国科学技术大学、战略支援部队信息工程大学为首批7所一流网络安全学院建设示范项目高校。2019年，华中科技大学、北京邮电大学、上海交通大学、山东大学入选第二批一流网络安全学院建设示范项目高校。目前，共有11所高校入选为一流网络安全学院示范建设高校，为推动我国网络安全学院向世界一流的方向发展发挥了积极作用。截至2021年6月，11所高校与相关网信企业共建联合实验室102个，在入选示范项目后教师规模增加44%，招生规模增长80%。截至2022年6月，全国已有60余所高校设立了独立的网络安全学院，200余所高校设置网络安全相关专业，网络安全毕业生人数超过2万人，相比2016年时只有8000毕业生，增长了一倍。[1]

一流网络安全学院建设示范项目实施以来，在相关部门指导和地方支持下，11所高校在政策保障、资金投入、基础条件、教师队伍、学生培养、科研创新等方面总体上成效明显，网络安全学院建设取得重要进展，示范带动效应凸显。截至2021年，在示范项目带动下，教师规模快速增长，较入选示范项目前增加超过40%；招生规模大幅增长，培养模式不断创新，11所高校网络安全学院现有在校学生1.3万余人。国内网络安全学院学科建设取得长足进展，共有网络空间安全一级学科博士点30余个、硕士点40余个，有力推动了网络空间安全学科发展；全国27个信息安全专业被认定为国家一流本科专业建设点，70余所高校共设有网络空间安全、信息安全、信息对抗技术、保密技术、网络安全与执法等5个与网络安全直接相关专业，共计布点271个。[2]

专栏

网络安全学院学生创新资助计划

2022年7月1日，在中央网信办指导下，天融信科技集团、奇安信集团、蔚来、蚂蚁集团、一流网络安全学院、中国网络空间安全协会、中国互联网发展基金会共同发起网络安全学院学生创新资助计划。资助计划初期资助对象为地方一流网络安全学院建设示范项目高校网络

---

[1] 《网络强国｜共筑网络安全防线》，访问时间：2023年7月13日，http://www.cac.gov.cn/2022-09/06/c_1664086531464520.htm。
[2] 中国网络空间研究院《2021年中国互联网发展报告》。

安全学院的全日制在读本科、硕士、博士学生，后期可视情况扩展至其他网络安全学院。天融信科技集团、奇安信集团、蔚来、蚂蚁集团、中国互联网发展基金会网络安全专项基金作为资助方总计出资7800万元，连续五年计划资助1200名学生开展创新研究，并对资助学生择优奖励。

5.2.3　网络安全职业教育不断强化

网络安全职业教育是网络安全教育体系的重要组成部分。2021年3月，教育部印发了《职业教育专业目录（2021年）》，在网络安全领域设置网络信息安全等近10个中职相关专业、信息安全技术应用等十余个高职专科相关专业、信息安全与管理等5个职业本科专业，全国高职院校开设信息安全技术应用等相关专业布点数达到3600多个。[1] 在中国职业技术教育学会2020年学术年会上，会上各方聚焦国家信息安全等方面，深化产教科城融合，助力职业教育紧密对接网络安全等领域，为增强职业教育适应性汇聚前沿力量。[2] 2022年7月，新修订的《中华人民共和国职业分类大典》（以下简称《大典》）向社会公示，首次标注了97个数字职业（标注为S），数字职业成为新版《大典》的一个亮点。中国网络空间安全协会申报的"数据安全工程技术人员"1个新职业和"网络安全咨询员""关键信息基础设施安全检测防护技术员""个人信息保护合规管理员"3个新工种获得批复，对完善网络安全职业体系建设具有促进作用。

2022年1月，工信部网络安全产业发展中心与部人才交流中心联合发布《网络安全产业人才岗位能力要求》标准，涵盖网络安全规划与设计、网络安全建设与实施等5大类38个岗位的通用标准和细分标准，为各相关单位开展网络安全产业人才招聘引进、培训评测、能力提升等工作提供了依据和参考。

大数据协同安全技术国家工程研究中心和贵州大数据安全工程研究中心推出了注册数据安全官、注册数据安全工程师和数据安全成熟度模型（Data

---

1　中国网络空间研究院《2021年中国互联网发展报告》。
2　《中国职业技术教育学会2020年学术年会举办》，访问时间：2023年9月4日，http://education.news.cn/2021-02/01/c_1211006995_2.htm。

Security Maturity Model，以下简称DSMM）测评师人才培训。2022年，已开展两期数据安全人才专场培训班，为充实数据安全专业力量，加强数据安全专业人才培养发挥积极作用。

5.2.4 网络安全人才奖励机制持续完善

为支持国家网络安全建设、加快网络安全人才培养，2016年2月，国内首个网络安全领域的专项基金——中国互联网发展基金会网络安全专项基金捐资仪式在京举行，网络安全专项基金启动资产达3亿元，主要用于奖励网络安全优秀人才、优秀教师、优秀标准、优秀教材，资助网络安全专业优秀学生的学习和生活，支持网络安全人才培养基地等重要工作。通过采取政府主导、市场机制、学校推荐、专家评审等方法，已举行多次"网络安全杰出人才奖""网络安全人才奖""网络安全优秀教师奖""网络安全奖学金"等评选活动。2016年，首次评选表彰网络安全先进典型，奖励网络安全杰出人才，最终评选出网络安全杰出人才1名、优秀人才10名、优秀教师8名，所获奖金为网络安全杰出人才100万元、优秀人才每人50万元、优秀教师每人20万元。2017年，评选出网络安全优秀人才10名、优秀教师10名。2018年，20名网络安全优秀人才及优秀教师受到表彰嘉奖。[1] 2019年中国互联网发展基金会网络安全专项基金网络安全优秀教师奖颁奖仪式在天津梅江会展中心举行，10名网络安全优秀教师受到表彰颁奖。

伴随着网络安全法律法规体系不断完善，网络安全教育、技术、产业融合发展取得积极进展，网络安全保障体系和能力建设持续推进，涌现出了一大批勇于担当、敢于奉献、表现突出的集体和个人。为选树典型、表彰先进，2021年10月，人力资源社会保障部、中央网信办决定授予全国人大常委会法治工作委员会经济法室一处等15个集体"国家网络安全先进集体"称号，授予张秀东等29名同志"国家网络安全先进个人"称号，受表彰个人享受省部级表彰奖励获得者待遇。[2]

---

1 《20名网络安全先进典型受表彰》，访问时间：2023年9月4日，http://it.people.com.cn/n1/2018/0919/c1009-30303258.html。
2 《15个集体、29名个人 首批国家网络安全先进集体和先进个人受表彰》，访问时间：2023年8月4日，http://www.cac.gov.cn/2021-10/12/c_1635636224581090.htm。

5.2.5 国家网络安全人才与创新基地建设取得积极进展

加强网络安全人才与创新基地建设也是促进网络安全人才培养的主要措施之一。2016年9月，在武汉成立国家网络安全人才与创新基地（以下简称国家网安基地），全面启动国家网络安全人才培养与创新基地建设。2017年8月，国家网络安全学院、展示中心、国际人才社区、网安基地一期基础设施、中金武汉超算（数据）中心、启迪网安科技孵化园六大项目开工。2020年9月，国家网安基地网络安全学院开学，武汉大学国家网络安全学院、华中科技大学网络空间安全学院1300多名本硕博学生和140余名教职员工首批入驻。[1] 截至2022年3月，入驻师生已达2000多人；校企合作科研创新成效明显，已合作开展科研项目100余项。[2] 2022年5月，武汉市发布《关于进一步支持国家网络安全人才与创新基地发展若干政策的通知》，出台10项支持网安基地发展的相关政策，加速建设国家网络安全人才和创新基地。截至目前，全国前50强网安企业全部落户国家网络安全人才与创新基地[3]，形成网络安全、大数据和信息技术服务三大产业板块。武汉市将建立网安基地产业基金，基金总规模为30亿元[4]，重点支持网络安全及其相关产业的培育与引进、关键技术研发与成果产业化、技术创新平台建设等。

2021年3月，国家网安基地启动"网络安全万人培训资助计划"，15家培训机构入围，计划三年内培养超过1万名国家网络安全人才，通过培养非学历教育网络安全人才，加速形成国家网安基地人才培养、技术创新、产业发展的良性生态；引进一批网络安全重点企业，开展网络安全与防护技术、信息系统安保人员认证等社会化培训活动，线上线下累计培训超过5万人次；举办全国网安学院院长培训班、"金银湖"国家网安学院暑期学校，与地方政府、知名高校、企业联手培养网安领域师资和学生。

---

1 《武大华中大正式入驻国家网安基地网络安全学院》，访问时间：2023年9月6日，https://baijiahao.baidu.com/s?id=1676318605788592170&wfr=spider&for=pc。
2 《国内网络安全前50强企业半数落户东西湖区国家网安基地》，访问时间：2023年9月6日，https://baijiahao.baidu.com/s?id=1728824260007016746&wfr=spider&for=pc。
3 《武汉韧性十足　GDP稳居全国前十》，访问时间：2022年6月13日，http://sw.wuhan.gov.cn/xwdt/mtbd/202206/t20220613_1986179.shtml。
4 《市人民政府关于进一步支持国家网络安全人才与创新基地发展若干政策的通知》，访问时间：2022年5月13日，http://www.wuhan.gov.cn/zwgk/xxgk/zfwj/gfxwj/202205/t20220513_1971126.shtml。

专栏

网络安全万人培训资助计划

"网络安全万人培训资助计划"是在中央网信办指导下,由武汉市人民政府、中国互联网发展基金会、中国信息安全认证中心、中国信息安全测评中心、国家计算机网络应急技术处理协调中心共同发起,对在国家网安基地内面向党政机关、企事业单位工作人员、大中院校在校学生等开展网络安全培训的机构进行资助,并对优秀学员进行奖励。

该计划由武汉市及东西湖区人民政府各出资2000万元、中国互联网发展基金会网络安全专项基金出资2000万元进行支持,中国信息安全认证中心、中国信息安全测评中心、国家计算机网络应急技术处理协调中心将在人员培训认证方面提供指导支持,将开展普识教育、政策法规、网络安全从业人员认证(注册)和技术提升等方面的培训,力争补齐学历教育与岗位需求不适配的短板,推动解决网安人才急需紧缺难题。[1]

5.2.6 网络安全赛事加强人才队伍交流

网络安全竞赛活动是网络安全人才发现、培养和选拔的重要手段,也是完善网络安全教育培训体系中的关键部分,通过举办各类网络安全竞赛活动,切实提升了网络安全人才的技术水平,发现和涌现出一大批网络安全人才。六年来,国内举办了多场内容丰富、形式多样的网络安全会议和比赛。2017年11月,湖南省委网信办联合省教育厅、省经信委、省公安厅、省安全厅、省新闻出版广电局、省通管局、省保密局、省密码管理局等8家省直部门联合举办"'湖湘杯'网络安全技能大赛",促进了网络安全知识的宣传普及,培养发现了一批优秀网络安全人才。2018年8月,以"荟聚安全大脑 护航智能生态"为

---

[1] 《国家网安基地启动"网络安全万人培训资助计划"》,访问时间:2023年9月6日,https://www.dxh.gov.cn/XWZX/LKGYW/202103/t20210323_1654897.shtml。

主题的2018中国网络安全年会在北京举行，并同期举办了2018中国网络安全技术对抗赛（第五届），对抗赛共设立5个比赛项目，分别是：网络安全引擎比赛、人工智能安全夺旗赛、攻防实战对抗赛、智能安全破解挑战赛、PC安全夺旗赛。对于发现网络安全漏洞、开展网络安全攻防对抗、消除网络安全隐患、促进网络安全领域面对面技术交流、培养网络安全人才具有积极的促进作用，将进一步促进网络安全整体防护能力的提升。自2017年起，"强网杯"全国网络安全挑战赛已成功举办6届，为储备锻炼网络安全领域优秀人才，提升国家网络空间安全能力水平发挥积极作用。中国通信企业协会连续七年举办行业网络安全技能竞赛，年度参赛选手超过5000人。为积极响应国家网络空间安全人才战略，加快攻防兼备创新人才培养步伐，推动网络空间安全人才培养和产学研用生态发展，全国大学生信息安全竞赛已连续举办16届。

为促进网络安全竞赛规范开展，2018年中央网信办、公安部联合印发《关于规范促进网络安全竞赛活动的通知》，有效规范网络安全竞赛过度商业化、赛制单一化、选手逐利化等无序发展现象。

5.2.7 多措并举拓展网络安全人才培养模式

各地积极发挥各类网络安全平台等作用，汇聚和培养专业人才。2017年，广州大学成立方滨兴院士网络空间安全实验班（简称"方班"），围绕国家战略需求凝聚网络安全人才培养的主题和目标，探索网络安全人才培养特色模式，构建网络安全人才培养和产业融合发展的创新平台。经过五年的创新发展实践，"方班"在高层次实战型网络安全人才培养方面取得显著成效，已培养广州大学研究生476名，先后有来自北京航空航天大学、北京邮电大学、南开大学、南京邮电大学、哈尔滨工业大学、西北工业大学、电子科技大学、山东大学、东南大学、中山大学、澳门城市大学等28所高校441名研究生参与教学培养。2018年3月，在广东省建立鹏城实验室，实施省重点领域研发计划，引进一批知名院士领衔的网络信息安全领域的顶尖专家团队，部署推动"未来区域网络"等核心技术攻关，着力开展领域内战略性、前瞻性、基础性重大科学问题和关键核心技术研究，培养一批高水平网络安全人才。2020年7月，江苏省网络空间安全（无锡）实训基地落成启用，成为网络安全人才发展的"新摇篮"，也是无锡推进全域性城市网络安全防护体系建设的重要探索。2020年9月，西藏自治区网络空间人才培养基地挂牌，西藏自治区本土网络空间人才培养和学科建设工作迈出坚实步伐。

5.3 全民网络安全意识明显提升

通过持续举办国家网络安全宣传周，常态化开展网络安全宣传教育工作，以通俗易懂的语言、群众喜闻乐见的形式，宣传网络安全理念、普及网络安全知识、推广网络安全技能，形成共同维护网络安全的良好氛围。

5.3.1 持续举办国家网络安全宣传周

维护网络安全就是维护每个网民、每个公民自身的安全。为顺应社会期盼，推动形成共建网络安全、共享网络文明的良好环境，组织在全国范围内统一开展网络安全宣传周活动，围绕金融、电信、电子政务、电子商务等重点领域和行业网络安全问题，针对社会公众关注的热点问题，举办网络安全体验展、网络安全高峰论坛等系列主题宣传活动。2016年，中央网信办、教育部、工信部、公安部等6部门联合印发方案，明确每年9月第三周在全国范围统一举办国家网络安全宣传周，广泛开展网络安全宣传教育，增强全社会网络安全意识，提升广大网民的安全防护技能。各地区各部门多措并举、扎实推进，网上宣传的理念、内容、形式、方法、手段等不断创新，以百姓通俗易懂、喜闻乐见的形式，宣传网络安全理念、普及网络安全知识、推广网络安全技能，广泛开展网络安全进社区、进农村、进企业、进机关、进校园、进军营、进家庭。以2020年网络安全宣传周为例，发放宣传材料5000多万份，吸引现场参与群众35万人次，移动APP关注突破2.2亿次，短视频点击超17亿次，点赞量近8000万次，数字化展会访问量突破1000万次，累计签约项目153个，投资总额突破1200亿元，有效推动全社会形成人人懂安全、人人讲安全的浓厚氛围。2021年，国家网络安全宣传周活动依然延续"网络安全为人民，网络安全靠人民"

图5-1　2022年9月5日，2022年国家网络安全宣传周开幕式在安徽省合肥市举行

（图片来源：《中国网信》杂志）

的主题，设立"汽车数据安全""关键信息基础设施安全标准""新型智慧城市安全"等9个分论坛，结合建党100周年重大主题宣传，着眼"我为群众办实事"，营造了网络安全人人参与、人人有责、人人共享的浓厚社会氛围。2022年国家网络安全宣传周主题宣传活动话题阅读量累计38.6亿次，推送公益短信13亿条，短视频播放量超5亿次，在全国营造了维护网络安全的浓厚氛围。

5.3.2　广泛开展网络安全法等宣传学习活动

各地各单位积极广泛开展网络安全相关主题宣传学习活动。网络安全法实施后，相关工作不断深入，通过报刊、电台电视台、门户网站、政务微信微博等途径，对法律核心内容进行宣传解读，加大对网络安全法等宣传教育力度。2018年1月，工信部将学习情况纳入各基础电信运营企业的年度考核指标，并组织重点互联网企业集中开展学习。公安部组织全国公安机关、200多个部门和中央企业以及260多家网络安全企业相关人员进行集中学习。国家新闻出版广电总局组织开展了网络安全知识技能练兵和竞赛活动。内蒙古、黑龙江等地对重点单位、重点行业负责网络安全的业务骨干进行了重点培训。广东、福建、江西等地通过举办领导干部网络安全和信息化专题研讨班等形式,贯彻落实网络安全法等一批互联网法律法规,推动领导干部、重点网站主要负责人和业务骨干率先知法懂法用法。

积极开展数据安全法、个人信息保护法相关宣传培训活动。2021年7月,工信部组织召开重点互联网企业贯彻落实数据安全法座谈会,开展数据安全培训。海关总署组织系统内部积极学习数据安全法。2021年10月,贵州网信办组织召开"数安法解读及发展"培训会,以"围绕数字经济创新,共建数据安全生态"为主题,邀请多位行业专家从法律、标准和实践三个方面,对数据安全法及发展进行解读。天津市委网信办、市大数据协会共同打造"我学我用大数据"系列培训活动,对数据安全法、个人信息保护法等法律法规开展巡回宣传培训。

5.3.3 各地各部门积极开展丰富多彩的网络安全教育活动

全国妇联联合全国总工会开展"个人信息保护日"线上线下宣传活动,聚焦未成年人网络安全,印制《筑牢家庭安全堤坝 守护快乐数字童年》宣传折页6000份,设计制作《家庭网络安全宣传》动漫视频,线上线下同步向广大网民宣传个人信息保护理念和技能,筑牢个人信息保护的家庭防线。水利部组织水利行业在国家网络安全宣传周期间开展系列宣传活动,邀请来自公安部、密码局等单位的网络安全专家,围绕关键信息基础设施安全保护、数据安全、密码应用、实战化安全防护、工控安全等,开展网络安全政策解读和实践分享活动,通过"水利蓝信"定向为水利职工推送定制版网络安全防控手册。中国联通充分利用运营商线上线下渠道优势,广泛开展网络安全宣传活动,在各地分公司营业网点布放海报、发放宣传手册,利用网点展播微视频、卡通漫画、标语等形式宣传网络安全宣传周主题。

浙江创新推出首个"网络安全主题公园",引入网络安全流动宣传车"行走的网安馆",发布网络安全倡议书,让网络安全知识宣传融入日常生活、走进千家万户,在寓教于乐中提升网络安全意识和防范技能。江苏以接地气的方式让网络安全走到身边,"常州网安号"主题地铁以车厢为载体,通过网安小贴士、俏皮漫画、扫码互动等方式,面向乘客打造常态化网络安全宣传普及窗口和服务交流平台。"网信云南"微信公众号上线个人信息保护能力调查问卷，题目与网民日常用网习惯息息相关，帮助网民客观了解自己在个人隐私信息保护方面的网络安全意识，培养健康、良好的上网习惯。内蒙古积极举办网络空间安全论坛、草原云谷数据安全峰会、网络安全企业展览、网络安全知识线上有奖答题、网络安全应急演练、主题日宣传等活动，重点展示国内外网络安全前沿技术、最新产品、示范应用，解读探讨网络安全体系建设和产业发展态势，全面提升全社会网络安全知识和防护技能。

河南省网络安全科技馆作为2020国家网络安全宣传周活动的核心场馆和"强网杯"全国网络安全挑战赛永久赛址，是国内首个以网络空间安全为主题的专题科技馆，2020年8月15日建成，9月28日正式开馆。展馆设立个人安全、政企安全、社会安全、综合竞技四大板块，设立个人安全区、政企安全区、社会安全区等八个展厅，配合主体展陈设立网络安全发展史、网络安全知识体系、网络空间杰出人物等六个方面的辅助展陈内容，设置220余套展项、1700多件展品，涵盖了网络空间安全、计算机、通信等多个学科领域的知识内容，覆盖了网络安全、人工智能、数据科学等多个新兴产业范畴，综合运用多种技术手段对网络空间进行体系化、可视化、实体化展示。科技馆作为中国网络空间安全版图上的坐标式展馆，具有很强的基础性、公益性、独创性、引领性和开拓性，为国家网络安全发展提供强有力的宣传阵地，是普及网安知识、汇聚产业力量、展示创新成果、繁荣精神家园的新平台。

2022年4月，北京举办"首都网络安全日"活动，推出"净网2022"网络安全知识有奖问答和《上网安全手册》，开展"网络安全青警说"系列直播，对常见的邮件安全、密码安全、设备安全，以及电信网络诈骗安全防范等内容进行宣传普及，就广大网民在购物、求职、出行等应用场景下的安全问题进行交流分享，进一步提升全社会的网络安全意识，增强大众网络安全防护能力。

5.3.4 网民对网络安全感满意度评价稳步提升

自2018年开始，全国135家网络安全行业协会及相关社会组织每年发起网民网络安全感满意度调查工作。按访问对象不同分设了面向普通网民的公众版

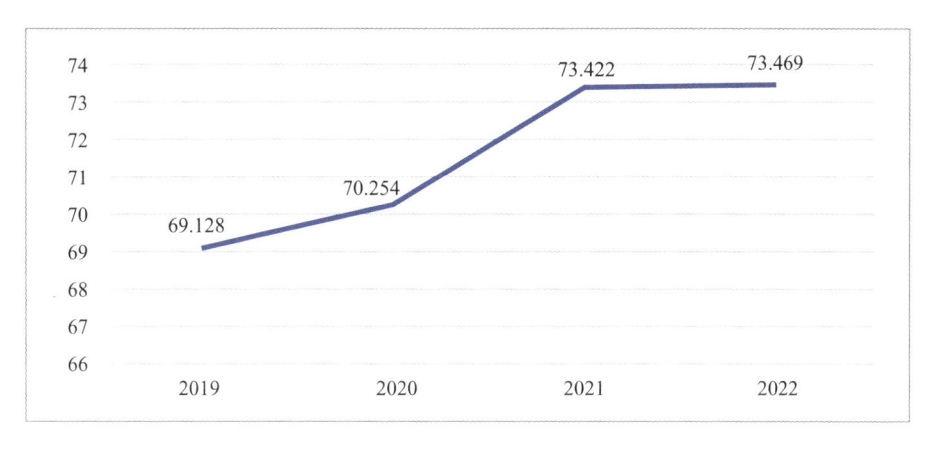

图5-2 网络安全感满意度指数走势图

（数据来源：广东新兴国家网络安全和信息化发展研究院）

问卷和面向网络行业人员的从业人员版问卷，全面了解、反映公众网民及行业从业人员对我国网络安全状况的感受和看法。调查显示，网络安全感满意度指数由2019年的69.128逐渐上升为2022年的73.399（按旧版统计口径的满意度指数为73.649），如图5-2所示。2022年，网民对我国网络安全治理总体状况满意度评价认为满意以上的占58.48%，接近六成，总体评价是满意为主[1]，这反映了几年来网络空间安全治理取得较好效果。

---

[1] 《2022全国网民网络安全感满意度调查报告发布周正式开幕》，访问时间：2023年9月6日，https://baijiahao.baidu.com/s?id=1752011596450048639&wfr=spider&for=pc。

第六章

网络安全国际交流与合作持续加强

　　网络空间是人类共同的活动空间，维护网络空间安全符合国际社会共同利益，也是国际社会的共同责任。随着互联网的快速发展，网络空间治理面临的问题日益突出。习近平总书记指出，网络安全是全球性挑战，没有哪个国家能够置身事外、独善其身，维护网络安全是国际社会的共同责任。党的十八大以来，习近平总书记把握世界发展大势，顺应信息化时代发展潮流，创造性地提出推进全球互联网治理体系变革的"四项原则"和构建网络空间命运共同体的"五点主张"，彰显了对人类共同福祉的高度关切，反映了国际社会的共同期待，体现了中国积极作为的大国担当，为推动全球互联网发展治理贡献了中国智慧、中国方案，赢得了国际社会的高度赞誉和广泛认同。习近平总书记提出构建网络空间命运共同体重要理念，深入阐释了全球互联网发展治理一系列重大原则和主张。中国是构建网络空间命运共同体的倡导者，更是实践者、先行者。近六年来，中国不断拓展网络安全国际交流与合作新领域。为建设一个和平、安全、开放、合作、有序的网络空间，中国充分利用国际平台就相关国际规则展开探讨，支持联合国发挥主渠道作用，在联合国框架下深入参与相关论坛、会议和组织，同时开展网络安全多双边合作，在网络安全国际治理方面取得实质性进展。同时，中国积极加强对话、扩大共识、缩小分歧，为推动世界各国特别是发展中国家政府、企业和民间团体等在网络安全国际治理领域交流合作，倡导并举办世界互联网大会乌镇峰会，成功搭建与世界网络安全交流合作的国际平台，不断贡献中国智慧。面对疫情带来的全球挑战，中国充分发挥互联网在抗击疫情中的作用，全面推进复工复产，推动全球产业链、供应链安全稳定，促进世界经济复苏，尤其是在全球新冠疫情防控过程中，加大个人信息和隐私保护的交流合作。

6.1 积极参与联合国框架下的网络安全合作

中国坚定维护以联合国为核心的国际体系、以国际法为基础的国际秩序、以《联合国宪章》宗旨和原则为基础的国际关系基本准则，并在此基础上，制定各方普遍接受的网络空间国际规则。中国高度重视联合国在网络安全领域的重要作用，一贯支持联合国在维护国际网络安全、构建网络空间秩序、制定网络空间国际规则等方面发挥主渠道作用，以建设性态度深入参与联合国框架下网络安全相关治理工作，连续多年参与联合国互联网治理论坛（Internet Governance Forum，以下简称IGF）、信息社会世界峰会（Wold Summit on the Information Society，以下简称WSIS）、联合国信息安全政府专家组（Groups of Governmental Experts，以下简称GGE）和开放式工作组（Open-ended Working Group，以下简称OEWG）等联合国框架下的论坛、会议和组织，在网络信任和安全、数据安全、个人信息和隐私保护、5G、人工智能等领域传递了中国声音、宣介了中国理念。

6.1.1 联合国互联网治理论坛

中国政府、企业、行业协会、技术社群等相关方连续多年深度参与IGF，与来自全球政界、商界、学界及非政府组织代表展开广泛交流讨论，充分传递中国声音、宣介中国理念，取得积极成效。2018年在第13届IGF上，中国与来自全球政界、商界、学界及非政府组织的3000名代表围绕网络信任和安全、数据隐私、人工智能等展开多场专题讨论。2019年，于第14届IGF上，就数据治理和互联网治理机制等问题展开深度交流。2020年，在第15届IGF上，国家网信办国际合作局和中国网络空间研究院联合主办以"国际突发公共卫生事件背景下的网络空间信任机制建设"为主题的开放论坛，探讨新冠疫情对网络空间治理的影响和网络空间信任机制建设的路径方法等议题。中国网络空间安全协会联合中国互联网发展基金会、中欧数字协会、欧洲理事会、法国互联网协会共同主办研讨会，就"全球新冠肺炎疫情防控过程中的个人信息和隐私保护"议题进行深入讨论。2021年第16届IGF第51号研讨会由中国网络空间安全协会、中国互联网发展基金会、中国网络社会组织联合会等机构共同举办，就"构建有意义的个人信息收集和处理必要范围——人工智能应用下各国相关规则和实践为基础探讨"议题进行深入讨论。2022年IGF开放论坛由国家网信办国际合作局主办，中国网络空间安全协会协办，主题是"深化数字经济国际合作，实现互联互通和共同繁荣"，重点就数字经济和全民数字连接、数字经济中的数字和数据治理及中国促进数字经济国际合作的经验等话题进行深入探讨。

6.1.2 信息社会世界峰会

WSIS是联合国在近二十年时间里开展国际网络空间治理的重要成果，是联合国举办的世界信息通信技术领域规模内最大的年度峰会。中国政府及民间组织连续多年参与WSIS各个阶段的议程，参与了全球互联网治理进程，积极贡献互联网治理的中国智慧。2018年，中国"全球变化科学研究数据出版、保藏与共享系统"项目荣获当年WSIS电子科学类冠军奖，成为国内外在科学数据领域唯一获此殊荣的项目。2019年WSIS举办期间，中国推荐的26个项目全部获得WSIS项目评奖提名。其中，中国联通的"基于量子通信干线的信息加密防泄露防篡改网络系统"项目荣获WSIS最高奖项；中国移动、中邮建技术有限公司、华为等单位推荐的项目荣获优胜奖。相关企业和研究机构在该峰会上举办5G、人工智能、数字经济、网络安全、信息无障碍等领域的主题研讨会，介绍了中国在相关领域的成功实践和解决方案，获得与会各方的广泛关注。2020年，国际电联WSIS线上展览正式开幕，"中国儿童安全上网保护体系"成功入选《WSIS成功项目集》。2021年，由国家互联网应急中心、中国科学院软件研究所、奇安信、中兴通讯等联合申报的"高级持续威胁/ATP攻击检测与预防（Advanced Persistent Threat Attack Detection and Prevention）"项目，荣获WSIS Prizes 2021 C5类"冠军项目奖（Champion Projects）"。2022年WSIS颁奖盛典上，北京邮电大学研究团队申报的"通信—感知—计算一体化赋能智慧城市（Joint Communication, Sensing and Computing Enabled Smart City）"，从全球近1000个项目中脱颖而出，荣获信息通信基础设施领域WSIS冠军奖。

6.1.3 联合国信息安全政府专家组和开放式工作组

自GGE和OEWG 2020年首次启动以来，中国深入参与这两个机制的会议，提交多项规范网络空间行为的建设性意见，推动在联合国机制下达成更多国际共识，共同维护网络空间和平与合作。与各方协同努力，中国推动"双进程"分别于2021年3月和5月达成最终报告，倡导各国制定全面、透明、客观、公正的供应链安全风险评估机制，建立全球统一规则和标准，促进全球信息技术产品供应链开放、完整、安全与稳定，为网络空间国际规则的制定与网络安全全球治理机制建设奠定了基础。

6.2 致力于推动多边框架下的网络安全交流合作

中国一直坚定维护网络空间的和平、安全与稳定，不断深化网络安全国际对话交流，秉持共商共建共享的理念，建立多边、民主、透明的互联网治理体系，加强地区及国际对话与合作，致力于与国际社会各方建立广泛的合作伙伴关系。中国政府一贯重视和支持区域层面的多边治理，将网络安全纳入区域合作的进程。近年来，中国在协调处理重大网络安全事件、网络恐怖主义、网络犯罪、个人信息保护、数据安全等领域不断深化务实多边合作，取得了显著成果。

6.2.1 推动金砖国家框架下的网络安全合作

中国积极推动将共同打击网络犯罪等内容纳入合作议题，加快推进金砖国家网络空间合作交流。2017年，金砖五国达成《金砖国家网络安全务实合作路线图》。2018年9月，金砖国家领导人第十次会晤，通过了《约翰内斯堡宣言》（以下简称宣言）。宣言表示，信息和通信技术发展带来了无可争辩的福利和新发展机遇，特别是在第四次工业革命的背景下；然而，这些发展同时也带来新的挑战与威胁，滥用信息通信技术从事犯罪活动不断增长，国家和非国家行为体恶意使用信息通信技术的情况日益严重。金砖国家将加强国际合作，打击滥用信息通信技术恐怖主义和犯罪活动，并重申应在联合国框架下制定各方普遍接受的打击信息通信技术犯罪的法律文书。在安全层面，将继续推进《金砖国家网络安全务实合作路线图》或其他共识机制，提议应考虑制定相关政府间合作协定，建立金砖国家网络安全合作框架。第四次金砖国家总检察长会议于2020年12月以视频形式召开，会议达成成果性文件，强调提高打击经济犯罪和利用网络实施恐怖主义、极端主义犯罪的效率，共同打击利用网络虚假信息破坏社会秩序和经济秩序的犯罪行为。自2021年以来，中国多次参与金砖国家的网信反恐工作组、网络安全工作组机制，与各国分享中国打击网络恐怖主义具体实践，以及中国网络和数据安全政策、战略、立法经验。2022年5月，中国主持召开金砖国家网络安全工作组第八次会议，并推动各方达成《金砖国家网络安全务实合作路线图》进展报告，总结了过去五年工作组落实"路线图"的经验和进展，并就未来合作方向达成重要共识。各国赞赏中国发挥的建设性引领作用，普遍认为金砖国家应加强团结，凝聚共识，以本次会议达成的进展报告为契机，共同推动金砖国家的网络安全合作不断迈上新台阶。

6.2.2 深度参与上海合作组织网络安全进程

中国积极推动上合组织的成立和发展。2018年6月，上合组织成员国领导人举行元首理事会会议并发表《青岛宣言》，呼吁国际社会努力构建和平、安全、开放、合作、有序的信息空间，强调联合国在制定各方可普遍接受的信息空间负责任国家行为国际规则、原则和规范方面发挥核心作用，共同应对信息空间威胁与挑战，特别是从事恐怖主义及犯罪活动方面深化国际合作。2019年6月，上合组织成员国领导人在比什凯克举行元首理事会会议，与会元首共同签署并发表了《比什凯克宣言》，在网络空间领域增强互信、积极合作、提升治理能力等方面达成共识，合力打击利用信息和通信技术破坏上合组织国家政治、经济、社会安全，以及通过互联网传播恐怖主义、分裂主义。2020年11月，上合组织成员国元首理事会发布《上合组织成员国元首理事会关于保障国际信息安全领域合作的声明》和《上合组织成员国元首理事会关于打击利用互联网等渠道传播恐怖主义、分裂主义和极端主义思想的声明》，系统阐述了上合组织成员国在信息安全、网络反恐等领域合作的共同立场。2021年9月17日，习近平主席在北京以视频方式出席上合组织成员国元首理事会第二十一次会议并发表重要讲话，讲话中提到要共护安全稳定，坚决遏制毒品走私、网络犯罪、跨国有组织犯罪蔓延势头。2021年，上合组织信息安全专家组一致通过《上合组织成员国保障国际信息安全2022—2023年合作计划》。2022年9月，上合组织成员国领导人于撒马尔罕市举行元首理事会会议，并发表宣言，指出上合组织成员国将以2009年6月叶卡捷琳堡会议期间签署的《上合组织成员国保障国际信息安全政府间协定》为基础，根据《上合组织成员国保障国际信息安全2022—2023年合作计划》和其他本组织文件，继续开展合作保障国际信息安全。

6.2.3　倡导二十国集团承担数字治理责任

随着数字经济的快速发展，网络恐怖主义、数据治理等问题成为二十国集团高度关注的重要议题。2017年7月，二十国集团领导人第十二次峰会在德国汉堡举行。峰会前，习近平主席出席二十国集团峰会领导人座谈会，强调中方主张建立全球反恐统一战线，消除恐怖主义滋生的根源，切断恐怖主义获取资金的渠道，遏制恐怖主义利用互联网从事恐怖传播活动。中国是恐怖主义的受害者，身处国际反恐斗争前沿。中国将积极参与国际反恐合作，并向其他国家加强反恐能力建设提供支持，共同为各国人民撑起安全伞。2019年6月，在日本召开的二十国集团领导人第十四次峰会上，习近平主席强调，二十国集团要坚持改革创新，挖掘增长动力；坚持与时俱进，完善全球治理。在数字经济特别会议上，习近平主席指出，二十国集团要共同完善数据治理规则，确保数据的安全有序利用。2020年11月，习近平主席在北京以视频方式出席二十国集团领导人第十五次峰会第一阶段会议并发表题为《勠力战疫 共创未来》的重要讲话，指出加强数据安全合作和数字基础设施建设，为各国科技企业创造公平竞争环境。2021年10月，习近平主席以视频方式出席二十国集团领导人第十六次峰会，指出中国已经提出《全球数据安全倡议》，我们可以共同探讨制定反映各方意愿、尊重各方利益的数字治理国际规则，积极营造开放、公平、公正、非歧视的数字发展环境。2022年11月，习近平主席在二十国集团领导人第十七次峰会第一阶段会议上的讲话强调，中方在二十国集团提出了数字创新合作行动计划，期待同各方一道营造开放、公平、非歧视的数字经济发展环境，缩小南北国家间数字鸿沟。

6.2.4 加强澜沧江—湄公河区域合作

澜沧江—湄公河区域合作（以下简称澜湄合作）是中国、泰国、柬埔寨、老挝、缅甸、越南六国就进一步加强澜沧江—湄公河国家合作而建立的区域合作机制。六国面临发展经济、改善民生的共同任务，同时也面临全球及地区经济下行压力加大，以及恐怖主义、自然灾害、气候变化、环境问题、传染病等非传统安全威胁带来的共同挑战。六国已在双边层面建立全面战略合作伙伴关系，政治互信不断加深，各领域合作健康发展，同时在地区和国际机制中加强多边协调以促进地区乃至世界和平、稳定与发展。澜湄合作有利于促进澜湄沿岸各国经济社会发展，增进各国人民福祉，缩小本区域国家发展差距，支持东盟共同体建设，推动落实联合国2030年可持续发展议程，促进南南合作。六年来，澜湄合作经历了培育期、快速拓展期，迈入了全面发展新阶段，为各国发展注入了"源头活水"，为构建人类命运共同体树立了典范。2018年1月，澜湄合作首次领导人会议在柬埔寨金边举行，会议制订2018—2022年行动计划，提出多项涉及网络空间的务实合作议程，包括共同加强打击网络恐怖主义、网络犯罪等非传统安全事务合作。2020年8月，澜湄合作第三次领导人会议万象宣言宣布加强政治和安全合作伙伴关系，特别提到加强应对网络犯罪，确保粮食、水和能源安全等非传统安全问题方面的合作与信息交流以及能力建设。2021年6月，澜湄合作第六次外长会发布的《关于加强澜沧江—湄公河国家可持续发展合作的联合声明》提到建设基于自然解决方案的红树林保护网络以及建设研发中心网络，支持澜湄国家边境地区经济产业区发展。2022年7月，澜湄合作第七次外长会强调加强非传统安全合作，应对区域共同挑战，包括但不限于恐怖主义、网络犯罪和电信诈骗等跨国犯罪。此外，审议通过《澜湄合作五年行动计划（2023—2027）》。

6.2.5 推进网络安全应急机构之间的合作

近年来，CNCERT/CC连续多年参加了亚太地区计算机应急响应组织（以下简称APCERT）发起举办的亚太地区网络安全应急演练，圆满完成了各项演练任务。2018年APCERT演练的主题是"物联网上恶意软件导致的数据泄露"。此次演练是基于互联网上真实存在的事件与情况，模拟医疗机构受网络攻击的场景，分析并协调处置由恶意软件引发的医疗机构的数据渗透和物联网设备感染事件。2019年APCERT演练的主题是"企业网络中灾难性的无声攻击"。此次演练是基于互联网上真实存在的事件与情况，模拟了某组织遭遇网络安全攻击的场景。2020年APCERT演练的主题是"积极应对挖矿行为"。此次演练是基于互联网上真实存在的事件与情况，模拟处理一家企业因数据泄露导致挖矿类恶意代码感染的场景。2021年APCERT演练的主题是"通过鱼叉式网络钓鱼进行的供应链攻击——警惕居家办公风险"。此次演练基于互联网上真实存在的事件与情况设计，参与者协作处置了一起通过鱼叉式网络钓鱼触发的供应链攻击事件。2022年APCERT演练的主题是"误操作引起的数据泄露"，基于互联网上真实存在的事件和情况设计。

中日韩互联网应急年会是CNCERT/CC、日本国家互联网应急中心（Japan Computer Emergency Response Team Coordination Center，英文简称JPCERT/CC）和韩国国家互联网应急中心（National Computer Emergency Response Team in Korea，英文简称KrCERT/CC）自2013年以来每年开展的CERT组织之间的合作活动。该年会不仅为各方提供了回顾事件联合处置情况及涉及三方的重大跨境事件的预防措施的机会，同时高水平技术人员的参加，也使得各方有机会分享和交流网络安全威胁的最新趋势以及共同关心的技术问题。2017年9月，第五届中日韩互联网应急年会提出加强在安全漏洞协调和披露方面各方的能力及合作协同；并同意在重大国际活动中防范和抵御网络威胁方面必要时给予相互支持。2018年8月，第六届中日韩互联网应急年会同意探索开展联合培训和在削减DDoS攻击方面加强合作。2019年8月，第七届中日韩互联网应急年会在北京召开，中日韩共同回顾了合作活动尤其是事件协调活动，分享了网络安全趋势、政策更新情况和技术发展，分享重大跨境事件处置案例和完善合作建议。2020年8月，第八届中日韩互联网应急年会在线召开，回顾了事件协调等三方合作活动，了解彼此新冠疫情下的网络安全事件态势以及处置措施。2021年10月，第九届中日韩互联网应急年会分享了勒索软件案例和应对措施以缓解其在本地区的影响，以及讨论探索新领域加深共同合作。

6.3 广泛参与双边框架下的网络安全治理

中国在提升自身网络安全能力的同时，一直加强与美国、欧盟、俄罗斯等世界主要国家和地区的网络安全交流合作，在打击网络犯罪等方面加强深入合作，围绕网络安全、数据安全和个人信息保护等签署并发表了一系列合作倡议、备忘录以及声明。

6.3.1 中国与美国

中美关系是现实空间和网络空间最重要的双边关系之一，对网络空间国际治理有着举足轻重的影响。2017年4月中美元首会晤，建立执法及网络安全对话等4个高级别对话机制。2017年10月，首届中美执法及网络安全对话在美国华盛顿举行，双方回顾总结了近年来中美两国在执法及网络安全领域合作已取得的成效，并就反恐、禁毒、打击网络犯罪、追逃追赃、遣返非法移民等议题进行深入交流，达成了广泛共识。双方同意根据中美元首海湖庄园会晤达成的重要共识，坚持相互尊重、依法对等、坦诚务实，充分发挥中美执法及网络安全对话的作用，进一步加强两国在执法及网络安全领域的对话与合作。伴随着美国对华战略出现重要调整，中美在网络空间的竞争和摩擦加剧，双方官方层面的对话机制陷入暂停状态。

6.3.2 中国与欧盟

近年来，中欧加强互联网合作，持续推动中欧数字经济和网络安全专家工作组、中欧数字合作圆桌会议、中德互联网产业圆桌会议等对话交流机制建立完善，"互联网+"、5G、儿童在线保护等成为中欧交流合作新亮点，对促进政府和业界的互联网合作发挥了积极作用。2017年3月，中欧数字经济和网络安全专家工作组第三次会议在比利时鲁汶成功举办。2018年5月，中国国家网信办和欧盟委员会通信网络、内容和技术总司共同主办中欧数字经济和网络安全专家工作组第四次会议，双方专家围绕数据使用与保护、数字时代的消费者保护，以及人工智能、区块链和数字金融等新技术的挑战进行深入研讨，达成广泛共识。2018年9月，第九次中欧信息技术、电信和信息化对话会议重点围绕ICT监管等议题进行了深入交流。2019年4月，第二十一次中国—欧盟领导人会晤就网络空间治理和技术合作方面达成共识，强调在中欧网络工作组下加强打击网络空间恶意活动的合作。2019年11月，中欧数据安全和个人信息保护研讨会在比利时布鲁塞尔举行。本次研讨会由中国互联网发展基金会、中国网络空间安全协会和布鲁塞尔隐私研究中心共同主办，旨在推动搭建中欧民间层面在数据安全和个人信息保护领域的沟通平台，交流优秀实践案例和经验等。

6.3.3 中国与俄罗斯

中俄全面战略协作伙伴关系更加深入务实，两国在网络空间的合作与交流也得到进一步推进，日益从战略合作迈向务实合作。2016年6月，国家主席习近平与俄罗斯总统普京签署中俄元首《关于协作推进信息网络空间发展的联合声明》，指出包括中俄在内的各国在互联网领域都拥有重要的共同利益与合作空间，理应在相互尊重和相互信任的基础上，就保障信息网络空间安全、推进信息网络空间发展的议题，全面开展实质性对话与合作。中俄双方达成了尊重网络主权、加强技术合作、打击网络犯罪、网络安全应急合作等多项共识。这对于中俄两国乃至世界的互联网交流合作具有十分重要的指导意义，成为新型大国关系在国际网络空间合作中的典范。2018年6月，中俄两国共同签署《中华人民共和国和俄罗斯联邦联合声明》，强调将扩大两国在信息和通信技术、数字经济等方面的交流，提升信息通信基础设施互联互通水平，促进两国信息网络空间发展，深化两国在网络安全领域的互信。2019年6月，CNNIC与俄罗斯".RU"注册管理机构就应对分布式拒绝服务攻击方面的网络安全、国际化域名技术合作、新兴技术应用、互建域名解析节点和加强人员交流等事项达成共识。2019年6月，中俄两国共同签署了《中华人民共和国和俄罗斯联邦关于发展新时代全面战略协作伙伴关系的联合声明》和《中华人民共和国和俄罗斯联邦关于加强当代全球战略稳定的联合声明》。指出双方将扩大网络安全领域交流，进一步采取措施维护双方关键信息基础设施的安全和稳定，在各国平等参与基础上维护网络空间和平与安全，打击将信息通信技术用于犯罪的行为。

6.3.4　中国与德国

中德两国在网络安全方面的合作与交流取得显著进展，工作机制逐渐完善，项目合作稳步推进。2018年5月，中德高级别安全对话框架下的网络安全磋商在北京举行。双方就网络犯罪形势、网络犯罪和安全领域相关立法情况、打击网络犯罪、打击网络恐怖主义等进行了交流，并同意在中德高级别安全对话机制框架下共同推进网络安全执法合作。2018年7月，第五轮中德政府磋商在柏林举行，并发表联合声明，联合声明指出："双方同意双边网络安全磋商是讨论网络犯罪和网络安全合作的核心平台，同时双方可借助该磋商机制就网络立法对经济领域的影响进行交流，尤其是讨论网络给数据安全以及知识产权保护、侵犯贸易和商业秘密带来的风险和挑战。鉴于数据储存、数据使用和数据保护在未来工业核心领域发挥的重要作用，双方将在制定和实施各自网络安全法规时，为企业涉密数据保护和数据安全跨境传输提供保障。"2019年6月，由中国国家网信办与德国联邦经济和能源部联合主办的"2019中德互联网经济对话"在北京举行。双方就维护网络空间和平安全、反对贸易保护主义等问题达成共识，共同发布了《2019中德互联网经济对话成果文件》，商定在政府层面加强并定期进行信息通信技术经济立法监管框架的交流，强调继续促进双边经济关系发展的意愿，努力为企业提供公平、公正、非歧视的营商环境，继续就网络安全标准化开展合作。

6.3.5 中国与法国

中法在维护世界和平安全稳定、多边主义和自由贸易，支持联合国发挥积极作用等重大问题上有着广泛共识。2018年1月，中法两国元首就双边关系和重大国际问题深入交换了意见，中法双方致力于推动在联合国等框架下制定各方普遍接受的有关网络空间负责任行为的国际规范，打击网络犯罪以及其他网络空间恶意行为，包括破坏关键基础设施以及为获得竞争优势而凭借信息通讯技术窃取知识产权的行为。2019年3月，中国和法国发布关于共同维护多边主义、完善全球治理的联合声明，重申以《联合国宪章》为代表的国际法适用于网络空间，致力于推动在联合国等框架下，制定各方普遍接受的有关网络空间负责任行为的国际规范。两国将加强合作，打击网络犯罪以及在网络空间进行的恐怖主义和其他恶意行为。两国同意继续利用中法网络事务对话机制，加强相关交流合作。同期，中法全球治理论坛在法国巴黎举行，双方就促进全球数字经济创新发展、推动网络和数据安全国际合作、应对数字治理挑战等进行了交流。

6.3.6 中国与英国

中英在互联网领域具有良好的合作基础。2017年12月，中英两国在北京召开第九次中英经济财金对话，双方强调公开、透明地制定网络安全相关政策和标准的重要性，并将在网络安全人才培养、宣传和教育领域加强合作与交流。2019年4月，中国国家网信办和英国数字、文化、媒体和体育部共同主办的第七届中英互联网圆桌会议在北京举行，双方就数字经济、网络安全、数据和人工智能、儿童在线保护、企业间技术领域交流合作等议题进行交流，达成多项合作共识。会上，中英双方共同发布《第七届中英互联网圆桌会议成果文件》，同意加强互联网和数字政策领域的合作及经验分享。

6.3.7 与共建"一带一路"国家合作

中国以"一带一路"建设等为契机，不断加强同共建国家特别是发展中国家在网络安全方面的合作。中国积极参与东盟地区论坛（ASEAN Regional Forum，英文简称ARF）网络安全会间会及建立信任措施研究小组会议，推动网络安全应急响应意识提升和信息共享合作，倡议并推动2020年东盟地区论坛外长会发表了《国际安全背景下合作促进信息通信技术安全的声明》。CNCERT/CC作为东盟对话伙伴方，连续多年参加东盟国家组织开展的网络安全应急演练，提升了中国与东盟国家共同应对网络安全事件的分析和协调处置能力，增强了东盟与伙伴国在共同保障网络安全方面的合作。2021年1月，中国与印度尼西亚签署了《关于发展网络安全能力建设和技术合作的谅解备忘录》，双方一致同意进一步加强在网络安全领域的合作。3月，中国同阿拉伯国家联盟举办中阿数据安全合作视频会议，双方共同发表了《中阿数据安全合作倡议》，阿拉伯国家联盟成为全球范围内首个与中国共同发表数据安全倡议的区域组织。4月，中国同越南等国家合办首届东盟地区论坛打击网络犯罪研讨会，深化了参与方对加强国际合作、应对网络犯罪威胁的认识。8月，由中国国家网信办主办的中非互联网发展与合作论坛召开，来自14个非洲国家及非盟委员会的代表出席论坛，围绕共享数字技术红利、携手维护网络安全等议题开展深入交流。2022年7月，中国国家网信办与泰国国家网络安全办公室签署《关于网络安全合作的谅解备忘录》，拟进一步加强网络安全领域的交流合作，维护网络空间稳定。同月，中国国家网信办与印度尼西亚国家网络与密码局签署网络安全合作行动计划。双方将在2021年签署的《关于发展网络安全能力建设和技术合作的谅解备忘录》的基础上，进一步深化两国网络安全能力建设合作。2021年10月，CNCERT/CC受邀参加东盟组织的2021年东盟和对话伙伴国网络安全应急演练，共同交流各国CERT组织在网络安全事件处置方面的应急响应技术和能力，增强了东盟与伙伴国在共同维护网络安全方面的合作。同年11月，CNCERT/CC主办2021年CNCERT/CC国际合作伙伴非洲区域视频会议，来自中非地区17个组织的30余名代表参会，重点围绕应急响应区域合作愿景、网络安全技术培训等开展交流。

6.4 创办世界互联网大会 深入开展网络安全交流合作

世界互联网大会搭建了中国与世界互联互通的国际平台和国际互联网共享共治的中国平台。自2014年创办以来，各国政府、国际组织、互联网企业、智库、行业协会、技术社群等各界代表应邀参会交流，共商世界互联网发展大计。大会期间举办的网络空间安全和国际合作论坛、网络安全技术发展和国际合作论坛围绕网络安全技术发展、网络安全国际合作展开交流对话，通过主旨演讲与专题对话等形式，分享网络安全领域最新技术情况与网络安全合作最佳实践经验。此外，大会期间连续举办多届的"互联网之光"博览会，聚焦前沿技术和数字化改革，在网络安全、数据安全、个人信息保护等领域展示了新技术、新产品。来自全球的参展企业在博览会上带来了各自的新成果、新技术，同时各大企业也借此与全球同行交流、寻求合作。大会组委会先后发布《携手构建网络空间命运共同体》概念文件、《携手构建网络空间命运共同体行动倡议》，举办案例发布展示活动，深入阐释落实构建网络空间命运共同体理念。大会组委会每年发布《世界互联网发展报告》《中国互联网发展报告》蓝皮书，全面分析世界与中国互联网发展态势，为全球互联网发展与治理提供思想借鉴与智力支撑。大会高级别专家咨询委员会发布的《乌镇展望》，向国际社会阐释大会对网络空间现实发展和未来前景的规划思路。

2015年12月，在第二届世界互联网大会乌镇峰会开幕式主旨演讲中，习近平主席提出推动全球互联网治理体系变革"四项原则"和构建网络空间命运共同体"五点主张"，完整系统地阐述了互联网治理的"中国主张"，在世界互联网史上具有里程碑意义。中国倡导"四项原则"和"五点主张"，就是希望同国际社会一道，尊重网络主权，发扬伙伴精神，大家的事由大家商量着办，做到发展共同推进、安全共同维护、治理共同参与、成果共同分享。2020年11月，世界互联网大会·互联网发展论坛召开，在此次论坛上，世界互联网大会组委会发布了《携手构建网络空间命运共同体行动倡议》，为构建网络空间命运共同体提供了可行的实施路径，进一步拓展和深化了网络空间国际交流合作。世界互联网大会日益成为中国搭建的最具代表性的互联网国际治理平台。2022年7月，世界互联网大会国际组织在中国北京成立。成立世界互联网大会国际组织，积极回应国际社会开展网络空间对话协商合作的呼声和期盼，必将广泛汇聚各方力量，进一步凝聚互联网发展治理的国际共识，推动构建更加公平合理、开放包容、安全稳定、富有生机活力的网络空间，让互联网更好造福世界各国人民。

世界互联网大会全球瞩目，好评如潮。它搭建了中国与世界互联互通的国际平台和国际互联网共享共治的中国平台，取得了四大成果：发挥了中国作为互联网大国应有的责任和担当；凝聚了共识，推动了合作；让各国增进了了解与互信，促进了共享共治；吸引了全球目光，国内外舆论高度关注。发出了九点倡议：促进网络空间互联互通、尊重各国网络主权、共同维护网络安全、联合开展网络反恐、推动网络技术发展、大力发展互联网经济、广泛传播正能量、关爱青少年健康成长以及推动网络空间共享共治。首届世界互联网大会更标志着中国对互联网的发展与管理已由过去的被动接招转变为如今的主动出击。

专栏

习近平主席关于构建网络空间命运共同体的"四项原则"和"五点主张"

2015年12月16日，习近平主席在第二届世界互联网大会开幕式主旨演讲中，在深刻分析当前世界互联网发展阶段特点的基础上，提出互联网发展的"四项原则"和"五点主张"。

"四项原则"：第一，尊重网络主权。《联合国宪章》确立的主权平等原则是当代国际关系的基本准则，覆盖国与国交往各个领域，其原则和精神也应该适用于网络空间。我们应该尊重各国自主选择网络发展道路、网络管理模式、互联网公共政策和平等参与国际网络空间治理的权利，不搞网络霸权，不干涉他国内政，不从事、纵容或支持危害他国国家安全的网络活动。第二，维护和平安全。一个安全稳定繁荣的网络空间，对各国乃至世界都具有重大意义。在现实空间，战火硝烟仍未散去，恐怖主义阴霾难除，违法犯罪时有发生。网络空间，不应成为各国角力的战场，更不能成为违法犯罪的温床。各国应该共同努力，防范和反对利用网络空间进行的恐怖、淫秽、贩毒、洗钱、赌博等犯罪活动。不论是商业窃密，还是对政府网络发起黑客攻击，都应该根据相关法律和国际公约予以坚决打击。维护网络安全不应有双重标准，不能一个国家安全而其他国家不安全，一部分国家安全而另一部分国家不安全，更不能以牺牲别国安全谋求自身所谓绝对安全。第三，促进开放合作。"天下兼相爱则治，交相恶则乱。"完善全球互联网治理体系，维护网络空间秩序，必须坚持同舟共济、互信互利的理念，摈弃零和博弈、赢者通吃的旧观念。各国应该推进互联网领域开放合作，丰富开放内涵，提高开放水平，搭建更多沟通合作平台，创造更多利益契合点、合作增长点、共赢新亮点，推动彼此在网络空间优势互补、共同发展，让更多国家和人民搭乘信息时代的快车、共享互联网发展成果。第四，构建良好秩序。网络空间同现实社会一样，既要提倡自由，也要保持秩序。自由是秩序的目的，秩序是自由的保障。我们既要尊重网民交流思想、表达意愿的权利，也要依法构建良好网络秩序，这有利于保障广大网民合法权益。网络空间不是"法外之地"。网络空间是虚拟的，但运用网络空间的主体是现实的，大家都应该遵守法律，明确各方权利义务。要坚持依法治网、依法办网、依法上网，让互联网在法治轨道上健康运行。同时，要加强网络伦理、网络文明建设，发挥道德教化引导作用，用人类文明优秀成果滋养网络空间、修复网络生态。

"五点主张"：第一，加快全球网络基础设施建设，促进互联互通。网络的本质在于互联，信息的价值在于互通。只有加强信息基础设施建设，铺就信息畅通之路，不断缩小不同国家、地区、人群间的信息鸿沟，才能让信息资源充分涌流。中国正在实施"宽带中国"战略，预计到2020年，中国宽带网络将基本覆盖所有行政村，打通网络基础设施"最后一公里"，让更多人用上互联网。中国愿同各方一道，加大资金投入，加强技术支持，共同推动全球网络基础设施建设，让更多发展中国家和人民共享互联网带来的发展机遇。第二，打造网上文化交流共享平台，促进交流互鉴。文化因交流而多彩，文明因互鉴而丰富。互联网是传播人类优秀文化、弘扬正能量的重要载体。中国愿通过互联网架设国际交流桥梁，推动世界优秀文化交流互鉴，推动各国人民情感交流、心灵沟通。我们愿同各国一道，发挥互联网传播平台优势，让各国人民了解中华优秀文化，让中国人民了解各国优秀文化，共同推动网络文化繁荣发展，丰富人们精神世界，促进人类文明进步。第三，推动网络经济创新发展，促进共同繁荣。当前，世界经济复苏艰难曲折，中国经济也面临着一定下行压力。解决这些问题，关键在于坚持创新驱动发展，开拓发展新境界。中国正在实施"互联网+"行动计划，推进"数字中国"建设，发展分享经济，支持基于互联网的各类创新，提高发展质量和效益。中国互联网蓬勃发展，为各国企业和创业者提供了广阔市场空间。中国开放的大门永远不会关上，利用外资的政策不会变，对外商投资企业合法权益的保障不会变，为各国企业在华投资兴业提供更好服务的方向不会变。只要遵守中国法律，我们热情欢迎各国企业和创业者在华投资兴业。我们愿意同各国加强合作，通过发展跨境电子商务、建设信息经济示范区等，促进世界范围内投资和贸易发展，推动全球数字经济发展。第四，保障网络安全，促进有序发展。安全和发展是一体之两翼、驱动之双轮。安全是发展的保障，发展是安全的目的。网络安全是全球性挑战，没有哪个国家能够置身事外、独善其身，维护网络安全是国际社会的共同责任。各国应该携手努力，共同遏制信息技术滥用，反对网络监听和网络攻击，反对网络空间军备竞赛。中国愿同各国一道，加强对话交流，有效管控分歧，推动制定各方普遍接受的网络空间国际规则，制定网络空间国际反恐公约，健全打击网络犯罪司法协助机制，共同维护网络空间和平安全。第五，构建互联网治理体系，促进公平正义。国际网络空间治理，应该坚持多边参与、多方参与，由大家商量着办，发挥政府、国际组织、互联网企业、技术社群、民间机构、公民个人等各个主体作用，不搞单边主义，不搞一方主导或由几方凑在一起说了算。各国应该加强沟通交流，完善网络空间对话协商机制，研究制定全球互联网治理规则，使全球互联网治理体系更加公正合理，更加平衡地反映大多数国家意愿和利益。举办世界互联网大会，就是希望搭建全球互联网共享共治的一个平台，共同推动互联网健康发展。

专栏

《携手构建网络空间命运共同体行动倡议》文件

当今世界正经历百年未有之大变局，新冠肺炎疫情持续蔓延，给世界各国带来严重冲击。国际社会唯有同舟共济、守望相助，才能打赢这场全人类与病毒的战争，走出这段艰难的时刻。面对新的风险和挑战，如何在网络空间加强团结协作、维护公平正义、共享数字红利，成为摆在我们面前的重大课题。

2015年，中国国家主席习近平在第二届世界互联网大会提出"四项原则""五点主张"，倡导尊重网络主权，推动构建网络空间命运共同体，为全球互联网发展治理贡献了中国智慧、中国方案。2019年，第六届世界互联网大会组委会发布《携手构建网络空间命运共同体》概念文件，进一步阐释了这一理念。当前疫情背景下，构建网络空间命运共同体的重要性和紧迫性更加凸显。我们呼吁，各国政府、国际组织、互联网企业、技术社群、社会组织和公民个人坚持共商共建共享的全球治理观，秉持"发展共同推进、安全共同维护、治理共同参与、成果共同分享"的理念，把网络空间建设成为造福全人类的发展共同体、安全共同体、责任共同体、利益共同体。为此，我们提出以下行动倡议：

发展共同推进

采取更加积极、包容、协调、普惠的政策，加快全球信息基础设施建设，推动数字经济创新发展，提升公共服务水平。

1. 提升互联网接入水平，促进互联互通。推动各国在光缆骨干网、国际海缆等通信基础设施领域开展合作，在尊重各国网络主权、尊重各国网络政策的前提下，探索以可接受的方式扩大互联网接入和连接，让更多发展中国家和人民共享互联网带来的发展机遇。

2.**推进信息基础设施建设**。携手提升信息基础设施建设、运营与服务水平。支持5G、物联网、工业互联网建设、应用和发展，打造新的经济增长动能，助力经济恢复与发展。

3.**利用信息通信技术提升公共服务水平**。推动利用数字技术应对疫情、自然灾害等突发公共事件的经验分享与合作，利用数字技术提升文化教育、环境保护、城市规划、社区管理、医疗健康等公共服务水平。

4.**促进数字产业融合与经济转型升级**。鼓励数字技术与传统产业融合发展，提升数字化、网络化、智能化水平，促进经济转型升级，推动数据要素的开发利用与共享。

5.**创建良好的营商环境，维护全球信息通信产业链供应链开放、稳定、安全**。为企业提供开放、公平、非歧视的营商环境，加强团结协作，携手共克时艰，全面提振全球市场信心。推动建立健全多边、互信、共赢的数字产业规则，保障全球信息通信产业链供应链开放、稳定、安全，推动全球经济健康发展。

安全共同维护

倡导开放合作的网络安全理念，坚持安全与发展并重，共同维护网络空间和平与安全。

6.**增强网络空间战略互信**。鼓励开展全球、区域、多边、双边与多方等各层级的合作与对话，共同维护网络空间和平与稳定，增进各国之间战略互信，反对网络攻击、网络威慑与讹诈，反对利用信息技术从事危害他国安全和社会公共利益的行为，防止网络空间军备竞赛，营造和平的发展环境，防止技术议题政治化。

7.**加强信息基础设施保护**。加强在预警防范、信息共享、应急响应等方面的合作，积极开展关键信息基础设施保护的经验交流。反对利用信息技术破坏他国关键信息基础设施或窃取重要数据。

8.**加强个人信息保护和数据安全管理**。规范个人信息收集、存储、使用、加工、传输、提供、公开等行为，保障个人信息安全，开展数据安全和个人信息保护及相关规则、标准的国际交流合作，推动符合

《联合国宪章》宗旨的个人信息保护规则标准国际互认。要求企业不得在信息技术设备中预设后门、恶意代码，不得利用提供产品、服务的便利条件窃取用户数据。

9. **加强未成年人网络保护**。开展未成年人网络保护立法经验交流，打击针对未成年人的网络犯罪和网络欺凌，保护未成年人网上隐私，培育提高未成年人网络素养，形成健康的上网习惯。

10. **深化打击网络犯罪、网络恐怖主义国际合作**。对网络犯罪开展生态化、链条化打击整治，进一步完善打击网络犯罪与网络恐怖主义的机制建设。支持并积极参与联合国打击网络犯罪全球性公约谈判。有效协调各国立法和实践，合力应对网络犯罪和网络恐怖主义威胁。

治理共同参与

坚持多边参与、多方参与，加强对话协商，推动构建更加公正合理的全球互联网治理体系。

11. **发挥联合国在网络空间国际治理中的主渠道作用**。充分发挥联合国信息安全开放式工作组（OEWG）和政府专家组（GGE）的作用，支持在联合国框架下制定各方普遍接受的网络空间负责任国家行为规则、准则和原则。

12. **完善共享共治的国际治理机制**。支持联合国互联网治理论坛（IGF）、世界互联网大会（WIC）、世界移动大会（MWC）、国际电信联盟（ITU）等平台发挥积极作用，推动政府、国际组织、互联网企业、技术社群、社会组织、公民个人，共同参与网络空间国际治理。

13. **平等参与互联网基础资源管理**。保障各国使用互联网基础资源的可用性和可靠性，推动国际社会共同管理和公平分配互联网基础资源。

14. **推动对新技术新应用的有效治理**。积极利用法律法规和标准规则引导人工智能、物联网、下一代通信网络等新技术新应用，推动在技术标准、伦理准则方面开展国际合作。

15. **推动网络空间治理能力建设**。搭建多渠道的交流平台，在联合国等多边框架下增设网络空间国际治理援助和培训项目，帮助广大有需求的发展中国家提升参与国际治理的能力。

成果共同分享

坚持以人为本、科技向善，缩小数字鸿沟，实现共同繁荣。

16.共享电子商务发展红利。畅通贸易渠道，减少市场准入壁垒和其他壁垒。促进跨境电子商务发展，探索建立信息共享和互信互认机制，鼓励使用安全可靠的数字化手段促进跨境贸易便利化。

17.让中小微企业更多从数字经济发展中分享机遇。鼓励各国加大政策支持，帮助中小微企业利用新一代信息技术促进产品、服务、流程、组织和商业模式的创新，增加就业机会，积极融入全球价值链。

18.加强对弱势群体的支持和帮助，不让一个人掉队。推动互联网助力精准扶贫的经验交流与分享，促进国际减贫合作。鼓励开发适合老年人、残疾人、妇女、儿童使用的产品和服务，采取多种政策措施和技术手段，提高弱势群体的数字技能，促进公众数字素养的普及和提升。

19.加强网络文化交流与文明互鉴。尊重网络文化的多样性，提倡各国挖掘自身优秀的文化资源开展网络交流合作和文明互鉴。搭建包容、开放、多样的网络文化交流平台与机制。

20.为落实联合国2030可持续发展议程做出积极贡献。呼吁各国重视发展中国家关切，弥合数字鸿沟，通过信息通信技术促进持久、包容和可持续的经济增长和社会发展。

互联网是人类共同的家园，全人类从未像今天这样在网络空间休戚与共、命运相连。维护一个和平、安全、开放、合作、有序的网络空间，就是在维护我们自己美好的家园。展望前路，我们愿同国际社会一道，把握机遇，迎接挑战，携手构建更加紧密的网络空间命运共同体，共同开创人类更加美好的未来。

附录一 | 重要法律法规目录

序号	名称	发布单位	发布日期	实施日期
1	《中华人民共和国国家安全法》	全国人民代表大会常务委员会	2015-07-01	2015-07-01
2	《中华人民共和国网络安全法》	全国人民代表大会常务委员会	2016-11-07	2017-06-01
3	《中华人民共和国密码法》	全国人民代表大会常务委员会	2019-10-26	2020-01-01
4	《中华人民共和国民法典》	全国人民代表大会	2020-05-28	2021-01-01
5	《中华人民共和国未成年人保护法》	全国人民代表大会常务委员会	第二次修订于2020-10-17	2021-06-01
6	《中华人民共和国数据安全法》	全国人民代表大会常务委员会	2021-06-10	2021-09-01
7	《中华人民共和国个人信息保护法》	全国人民代表大会常务委员会	2021-08-20	2021-11-01
8	《关键信息基础设施安全保护条例》	国务院	2021-04-27	2021-09-01
9	《网络安全等级保护条例（征求意见稿）》	公安部	2018-06-27	

续表

序号	名称	发布单位	发布日期	实施日期
10	《区块链信息服务管理办法》	国家网信办	2019-01-10	2019-02-15
11	《云计算服务安全评估办法》	国家网信办、国家发展改革委等4部门	2019-07-02	2019-09-01
12	《儿童个人信息网络保护规定》	国家网信办	2019-08-22	2019-10-01
13	《常见类型移动互联网应用程序必要个人信息范围规定》	国家网信办、工信部等4部门	2021-03-12	2021-05-01
14	《网络产品安全漏洞管理规定》	工信部、国家网信办、公安部	2021-07-12	2021-09-01
15	《汽车数据安全管理若干规定（试行）》	国家网信办、国家发展改革委等5部门	2021-08-16	2021-10-01
16	《网络数据安全管理条例（征求意见稿）》	国家网信办	2021-11-14	
17	《网络安全审查办法》	国家网信办、国家发展改革委等13部门	2021-12-28	2022-02-15
18	《数据安全管理认证实施规则》	市场监管总局、国家网信办	2022-06-05	
19	《数据出境安全评估办法》	国家网信办	2022-07-07	2022-09-01
20	《个人信息保护认证实施细则》	市场监管总局、国家网信办	2022-11-04	
21	《互联网信息服务深度合成管理规定》	国家网信办、工信部、公安部	2022-11-25	2023-01-10

附录二 | 网络安全标准目录

序号	标准号	中文名称	工作组
1	GB/T 17901.1-2020	信息技术 安全技术 密钥管理 第1部分：框架	WG3
2	GB/T 17901.3-2021	信息技术 安全技术 密钥管理 第3部分：采用非对称技术的机制	WG3
3	GB/T 17964-2021	信息安全技术 分组密码算法的工作模式	WG3
4	GB/T 20518-2018	信息安全技术 公钥基础设施 数字证书格式	WG3
5	GB/T 25056-2018	信息安全技术 证书认证系统密码及其相关安全技术规范	WG3
6	GB/T 29829-2022	信息安全技术 可信计算密码支撑平台功能与接口规范	WG3
7	GB/T 32918.5-2017	信息安全技术 SM2椭圆曲线公钥密码算法 第5部分：参数定义	WG3
8	GB/T 33133.2-2021	信息安全技术 祖冲之序列密码算法 第2部分：保密性算法	WG3
9	GB/T 33133.3-2021	信息安全技术 祖冲之序列密码算法 第3部分：完整性算法	WG3
10	GB/T 33560-2017	信息安全技术 密码应用标识规范	WG3
11	GB/T 35275-2017	信息安全技术 SM2密码算法加密签名消息语法规范	WG3

续表一

序号	标准号	中文名称	工作组
12	GB/T 35276—2017	信息安全技术　SM2密码算法使用规范	WG3
13	GB/T 35291—2017	信息安全技术　智能密码钥匙应用接口规范	WG3
14	GB/T 36322—2018	信息安全技术　密码设备应用接口规范	WG3
15	GB/T 36968—2018	信息安全技术　IPSec　VPN技术规范	WG3
16	GB/T 37033.1—2018	信息安全技术　射频识别系统密码应用技术要求　第1部分：密码安全保护框架及安全级别	WG3
17	GB/T 37033.2—2018	信息安全技术　射频识别系统密码应用技术要求　第2部分：电子标签与读写器及其通信密码应用技术要求	WG3
18	GB/T 37033.3—2018	信息安全技术　射频识别系统密码应用技术要求　第3部分：密钥管理技术要求	WG3
19	GB/T 37092—2018	信息安全技术　密码模块安全要求	WG3
20	GB/T 38540—2020	信息安全技术　安全电子签章密码技术规范	WG3
21	GB/T 38541—2020	信息安全技术　电子文件密码应用指南	WG3
22	GB/T 38556—2020	信息安全技术　动态口令密码应用技术规范	WG3
23	GB/T 38625—2020	信息安全技术　密码模块安全检测要求	WG3
24	GB/T 38629—2020	信息安全技术　签名验签服务器技术规范	WG3
25	GB/T 38635.1—2020	信息安全技术　SM9标识密码算法　第1部分：总则	WG3
26	GB/T 38635.2—2020	信息安全技术　SM9标识密码算法　第2部分：算法	WG3
27	GB/T 38636—2020	信息安全技术　传输层密码协议（TLCP）	WG3
28	GB/T 39786—2021	信息安全技术　信息系统密码应用基本要求	WG3
29	GB/T 40650—2021	信息安全技术　可信计算规范　可信平台控制模块	WG3
30	GB/T 41389—2022	信息安全技术　SM9密码算法使用规范	WG3
31	GB/T 15843.1—2017	信息技术　安全技术　实体鉴别　第1部分：总则	WG4
32	GB/T 15843.2—2017	信息技术　安全技术　实体鉴别　第2部分：采用对称加密算法的机制	WG4

续表二

序号	标准号	中文名称	工作组
33	GB/T 15843.6-2018	信息技术 安全技术 实体鉴别 第6部分：采用人工数据传递的机制	WG4
34	GB/T 15851.3-2018	信息技术 安全技术 带消息恢复的数字签名方案 第3部分：基于离散对数的机制	WG4
35	GB/T 15852.1-2020	信息技术 安全技术 消息鉴别码 第1部分：采用分组密码的机制	WG4
36	GB/T 15852.3-2019	信息技术 安全技术 消息鉴别码 第3部分：采用泛杂凑函数的机制	WG4
37	GB/T 17903.2-2021	信息技术 安全技术 抗抵赖 第2部分：采用对称技术的机制	WG4
38	GB/T 20979-2019	信息安全技术 虹膜识别系统技术要求	WG4
39	GB/T 25061-2020	信息安全技术 XML数字签名语法与处理规范	WG4
40	GB/T 30272-2021	信息安全技术 公钥基础设施 标准符合性测评	WG4
41	GB/T 34953.1-2017	信息技术 安全技术 匿名实体鉴别 第1部分：总则	WG4
42	GB/T 34953.2-2018	信息技术 安全技术 匿名实体鉴别 第2部分：基于群组公钥签名的机制	WG4
43	GB/T 34953.4-2020	信息技术 安全技术 匿名实体鉴别 第4部分：基于弱秘密的机制	WG4
44	GB/T 35285-2017	信息安全技术 公钥基础设施 基于数字证书的可靠电子签名生成及验证技术要求	WG4
45	GB/T 35287-2017	信息安全技术 网站可信标识技术指南	WG4
46	GB/T 36624-2018	信息技术 安全技术 可鉴别的加密机制	WG4
47	GB/T 36629.1-2018	信息安全技术 公民网络电子身份标识安全技术要求 第1部分：读写机具安全技术要求	WG4
48	GB/T 36629.2-2018	信息安全技术 公民网络电子身份标识安全技术要求 第2部分：载体安全技术要求	WG4
49	GB/T 36629.3-2018	信息安全技术 公民网络电子身份标识安全技术要求 第3部分：验证服务消息及其处理规则	WG4
50	GB/T 36631-2018	信息安全技术 时间戳策略和时间戳业务操作规则	WG4

续表三

序号	标准号	中文名称	工作组
51	GB/T 36632-2018	信息安全技术　公民网络电子身份标识格式规范	WG4
52	GB/T 36644-2018	信息安全技术　数字签名应用安全证明获取方法	WG4
53	GB/T 36651-2018	信息安全技术　基于可信环境的生物特征识别身份鉴别协议框架	WG4
54	GB/T 36960-2018	信息安全技术　鉴别与授权　访问控制中间件框架与接口	WG4
55	GB/T 37076-2018	信息安全技术　指纹识别系统技术要求	WG4
56	GB/T 38542-2020	信息安全技术　基于生物特征识别的移动智能终端身份鉴别技术框架	WG4
57	GB/T 38646-2020	信息安全技术　移动签名服务技术要求	WG4
58	GB/T 38647.1-2020	信息技术　安全技术　匿名数字签名　第1部分：总则	WG4
59	GB/T 38647.2-2020	信息技术　安全技术　匿名数字签名　第2部分：采用群组公钥的机制	WG4
60	GB/T 38671-2020	信息安全技术　远程人脸识别系统技术要求	WG4
61	GB/T 39205-2020	信息安全技术　轻量级鉴别与访问控制机制	WG4
62	GB/T 40018-2021	信息安全技术　基于多信道的证书申请和应用协议	WG4
63	GB/T 40651-2021	信息安全技术　实体鉴别保障框架	WG4
64	GB/T 40660-2021	信息安全技术　生物特征识别信息保护基本要求	WG4
65	GB/T 41388-2022	信息安全技术　可信执行环境　基本安全规范	WG4
66	GB/T 41773-2022	信息安全技术　步态识别数据安全要求	WG4
67	GB/T 41806-2022	信息安全技术　基因识别数据安全要求	WG4
68	GB/T 41807-2022	信息安全技术　声纹识别数据安全要求	WG4
69	GB/T 41819-2022	信息安全技术　人脸识别数据安全要求	WG4
70	GB/T 18018-2019	信息安全技术　路由器安全技术要求	WG5
71	GB/T 20009-2019	信息安全技术　数据库管理系统安全评估准则	WG5
72	GB/T 20261-2020	信息安全技术　系统安全工程　能力成熟度模型	WG5
73	GB/T 20272-2019	信息安全技术　操作系统安全技术要求	WG5

续表四

序号	标准号	中文名称	工作组
74	GB/T 20273-2019	信息安全技术　数据库管理系统安全技术要求	WG5
75	GB/T 20275-2021	信息安全技术　网络入侵检测系统技术要求和测试评价方法	WG5
76	GB/T 20278-2022	信息安全技术　网络脆弱性扫描产品安全技术要求和测试评价方法	WG5
77	GB/T 20281-2020	信息安全技术　防火墙安全技术要求和测试评价方法	WG5
78	GB/T 20283-2020	信息安全技术　保护轮廓和安全目标的产生指南	WG5
79	GB/T 21050-2019	信息安全技术　网络交换机安全技术要求	WG5
80	GB/T 22239-2019	信息安全技术　网络安全等级保护基本要求	WG5
81	GB/T 22240-2020	信息安全技术　网络安全等级保护定级指南	WG5
82	GB/T 25058-2019	信息安全技术　网络安全等级保护实施指南	WG5
83	GB/T 25066-2020	信息安全技术　信息安全产品类别与代码	WG5
84	GB/T 25070-2019	信息安全技术　网络安全等级保护安全设计技术要求	WG5
85	GB/T 28448-2019	信息安全技术　网络安全等级保护测评要求	WG5
86	GB/T 28449-2018	信息安全技术　网络安全等级保护测评过程指南	WG5
87	GB/T 28458-2020	信息安全技术　网络安全漏洞标识与描述规范	WG5
88	GB/T 29765-2021	信息安全技术　数据备份与恢复产品技术要求与测试评价方法	WG5
89	GB/T 29766-2021	信息安全技术　网站数据恢复产品技术要求与测试评价方法	WG5
90	GB/T 30276-2020	信息安全技术　网络安全漏洞管理规范	WG5
91	GB/T 30279-2020	信息安全技术　网络安全漏洞分类分级指南	WG5
92	GB/T 31506-2022	信息安全技术　政务网站系统安全指南	WG5
93	GB/T 33563-2017	信息安全技术　无线局域网客户端安全技术要求（评估保障级2级增强）	WG5
94	GB/T 33565-2017	信息安全技术　无线局域网接入系统安全技术要求（评估保障级2级增强）	WG5
95	GB/T 34990-2017	信息安全技术　信息系统安全管理平台技术要求和测试评价方法	WG5

续表五

序号	标准号	中文名称	工作组
96	GB/T 35101-2017	信息安全技术　智能卡读写机具安全技术要求（EAL4增强）	WG5
97	GB/T 35277-2017	信息安全技术　防病毒网关安全技术要求和测试评价方法	WG5
98	GB/T 35282-2017	信息安全技术　电子政务移动办公系统安全技术规范	WG5
99	GB/T 35283-2017	信息安全技术　计算机终端核心配置基线结构规范	WG5
100	GB/T 35290-2017	信息安全技术　射频识别（RFID）系统通用安全技术要求	WG5
101	GB/T 36323-2018	信息安全技术　工业控制系统安全管理基本要求	WG5
102	GB/T 36324-2018	信息安全技术　工业控制系统信息安全分级规范	WG5
103	GB/T 36466-2018	信息安全技术　工业控制系统风险评估实施指南	WG5
104	GB/T 36470-2018	信息安全技术　工业控制系统现场测控设备通用安全功能要求	WG5
105	GB/T 36627-2018	信息安全技术　网络安全等级保护测试评估技术指南	WG5
106	GB/T 36633-2018	信息安全技术　网络用户身份鉴别技术指南	WG5
107	GB/T 36635-2018	信息安全技术　网络安全监测基本要求与实施指南	WG5
108	GB/T 36950-2018	信息安全技术　智能卡安全技术要求（EAL4+）	WG5
109	GB/T 36958-2018	信息安全技术　网络安全等级保护安全管理中心技术要求	WG5
110	GB/T 36959-2018	信息安全技术　网络安全等级保护测评机构能力要求和评估规范	WG5
111	GB/T 37002-2018	信息安全技术　电子邮件系统安全技术要求	WG5
112	GB/T 37027-2018	信息安全技术　网络攻击定义及描述规范	WG5
113	GB/T 37090-2018	信息安全技术　病毒防治产品安全技术要求和测试评价方法	WG5
114	GB/T 37091-2018	信息安全技术　安全办公U盘安全技术要求	WG5
115	GB/T 37094-2018	信息安全技术　办公信息系统安全管理要求	WG5

续表六

序号	标准号	中文名称	工作组
116	GB/T 37095-2018	信息安全技术　办公信息系统安全基本技术要求	WG5
117	GB/T 37096-2018	信息安全技术　办公信息系统安全测试规范	WG5
118	GB/T 37931-2019	信息安全技术　Web应用安全检测系统安全技术要求和测试评价方法	WG5
119	GB/T 37933-2019	信息安全技术　工业控制系统专用防火墙技术要求	WG5
120	GB/T 37934-2019	信息安全技术　工业控制网络安全隔离与信息交换系统安全技术要求	WG5
121	GB/T 37939-2019	信息安全技术　网络存储安全技术要求	WG5
122	GB/T 37941-2019	信息安全技术　工业控制系统网络审计产品安全技术要求	WG5
123	GB/T 37952-2019	信息安全技术　移动终端安全管理平台技术要求	WG5
124	GB/T 37953-2019	信息安全技术　工业控制网络监测安全技术要求及测试评价方法	WG5
125	GB/T 37954-2019	信息安全技术　工业控制系统漏洞检测产品技术要求及测试评价方法	WG5
126	GB/T 37955-2019	信息安全技术　数控网络安全技术要求	WG5
127	GB/T 37962-2019	信息安全技术　工业控制系统产品信息安全通用评估准则	WG5
128	GB/T 37980-2019	信息安全技术　工业控制系统安全检查指南	WG5
129	GB/T 38558-2020	信息安全技术　办公设备安全测试方法	WG5
130	GB/T 38561-2020	信息安全技术　网络安全管理支撑系统技术要求	WG5
131	GB/T 38626-2020	信息安全技术　智能联网设备口令保护指南	WG5
132	GB/T 38628-2020	信息安全技术　汽车电子系统网络安全指南	WG5
133	GB/T 38632-2020	信息安全技术　智能音视频采集设备应用安全要求	WG5
134	GB/T 38648-2020	信息安全技术　蓝牙安全指南	WG5
135	GB/T 38674-2020	信息安全技术　应用软件安全编程指南	WG5
136	GB/T 39276-2020	信息安全技术　网络产品和服务安全通用要求	WG5
137	GB/T 39412-2020	信息安全技术　代码安全审计规范	WG5

续表七

序号	标准号	中文名称	工作组
138	GB/T 39680-2020	信息安全技术　服务器安全技术要求和测评准则	WG5
139	GB/T 40645-2021	信息安全技术　互联网信息服务安全通用要求	WG5
140	GB/T 40653-2021	信息安全技术　安全处理器技术要求	WG5
141	GB/T 40813-2021	信息安全技术　工业控制系统安全防护技术要求和测试评价方法	WG5
142	GB/T 41400-2022	信息安全技术　工业控制系统信息安全防护能力成熟度模型	WG5
143	GB/Z 41288-2022	信息安全技术　重要工业控制系统网络安全防护导则	WG5
144	GB/T 25068.1-2020	信息技术　安全技术　网络安全　第1部分：综述和概念	WG6
145	GB/T 25068.2-2020	信息技术　安全技术　网络安全　第2部分：网络安全设计和实现指南	WG6
146	GB/T 25068.3-2022	信息技术　安全技术　网络安全　第3部分：面向网络接入场景的威胁、设计技术和控制	WG6
147	GB/T 25068.4-2022	信息技术　安全技术　网络安全　第4部分：使用安全网关的网间通信安全保护	WG6
148	GB/T 25068.5-2021	信息技术　安全技术　网络安全　第5部分：使用虚拟专用网的跨网通信安全保护	WG6
149	GB/T 30284-2020	信息安全技术　移动通信智能终端操作系统安全技术要求	WG6
150	GB/T 33562-2017	信息安全技术　安全域名系统实施指南	WG6
151	GB/T 33746.1-2017	近场通信（NFC）安全技术要求　第1部分：NFCIP-1安全服务和协议	WG6
152	GB/T 33746.2-2017	近场通信（NFC）安全技术要求　第2部分：安全机制要求	WG6
153	GB/T 34095-2017	信息安全技术　用于电子支付的基于近距离无线通信的移动终端安全技术要求	WG6
154	GB/T 34975-2017	信息安全技术　移动智能终端应用软件安全技术要求和测试评价方法	WG6
155	GB/T 34976-2017	信息安全技术　移动智能终端操作系统安全技术要求和测试评价方法	WG6

序号	标准号	中文名称	工作组
156	GB/T 34977-2017	信息安全技术 移动智能终端数据存储安全技术要求与测试评价方法	WG6
157	GB/T 34978-2017	信息安全技术 移动智能终端个人信息保护技术要求	WG6
158	GB/T 35278-2017	信息安全技术 移动终端安全保护技术要求	WG6
159	GB/T 35281-2017	信息安全技术 移动互联网应用服务器安全技术要求	WG6
160	GB/T 35286-2017	信息安全技术 低速无线个域网空口安全测试规范	WG6
161	GB/T 36951-2018	信息安全技术 物联网感知终端应用安全技术要求	WG6
162	GB/T 37024-2018	信息安全技术 物联网感知层网关安全技术要求	WG6
163	GB/T 37025-2018	信息安全技术 物联网数据传输安全技术要求	WG6
164	GB/T 37044-2018	信息安全技术 物联网安全参考模型及通用要求	WG6
165	GB/T 37093-2018	信息安全技术 物联网感知层接入通信网的安全要求	WG6
166	GB/T 39720-2020	信息安全技术 移动智能终端安全技术要求及测试评价方法	WG6
167	GB/T 41387-2022	信息安全技术 智能家居通用安全规范	WG6
168	GB/Z 41290-2022	信息安全技术 移动互联网安全审计指南	WG6
169	GB/T 20984-2022	信息安全技术 信息安全风险评估方法	WG7
170	GB/T 20985.1-2017	信息技术 安全技术 信息安全事件管理 第1部分：事件管理原理	WG7
171	GB/T 20985.2-2020	信息技术 安全技术 信息安全事件管理 第2部分：事件响应规划和准备指南	WG7
172	GB/T 25067-2020	信息技术 安全技术 信息安全管理体系审核和认证机构要求	WG7
173	GB/T 25069-2022	信息安全技术 术语	WG7
174	GB/T 28450-2020	信息技术 安全技术 信息安全管理体系审核指南	WG7
175	GB/T 28454-2020	信息技术 安全技术 入侵检测和防御系统（IDPS）的选择、部署和操作	WG7

续表九

序号	标准号	中文名称	工作组
176	GB/T 29246-2017	信息技术 安全技术 信息安全管理体系 概述和词汇	WG7
177	GB/T 30283-2022	信息安全技术 信息安全服务 分类与代码	WG7
178	GB/T 35280-2017	信息安全技术 信息技术产品安全检测机构条件和行为准则	WG7
179	GB/T 35284-2017	信息安全技术 网站身份和系统安全要求与评估方法	WG7
180	GB/T 35288-2017	信息安全技术 电子认证服务机构从业人员岗位技能规范	WG7
181	GB/T 35289-2017	信息安全技术 电子认证服务机构服务质量规范	WG7
182	GB/T 36618-2018	信息安全技术 金融信息服务安全规范	WG7
183	GB/T 36619-2018	信息安全技术 政务和公益机构域名命名规范	WG7
184	GB/T 36626-2018	信息安全技术 信息系统安全运维管理指南	WG7
185	GB/T 36630.1-2018	信息安全技术 信息技术产品安全可控评价指标 第1部分：总则	WG7
186	GB/T 36630.2-2018	信息安全技术 信息技术产品安全可控评价指标 第2部分：中央处理器	WG7
187	GB/T 36630.3-2018	信息安全技术 信息技术产品安全可控评价指标 第3部分：操作系统	WG7
188	GB/T 36630.4-2018	信息安全技术 信息技术产品安全可控评价指标 第4部分：办公套件	WG7
189	GB/T 36630.5-2018	信息安全技术 信息技术产品安全可控评价指标 第5部分：通用计算机	WG7
190	GB/T 36637-2018	信息安全技术 ICT供应链安全风险管理指南	WG7
191	GB/T 36639-2018	信息安全技术 可信计算规范 服务器可信支撑平台	WG7
192	GB/T 36643-2018	信息安全技术 网络安全威胁信息格式规范	WG7
193	GB/T 36957-2018	信息安全技术 灾难恢复服务要求	WG7
194	GB/T 37046-2018	信息安全技术 灾难恢复服务能力评估准则	WG7
195	GB/T 37935-2019	信息安全技术 可信计算规范 可信软件基	WG7

续表十

序号	标准号	中文名称	工作组
196	GB/T 38631-2020	信息技术　安全技术　GB/T 22080具体行业应用　要求	WG7
197	GB/T 38638-2020	信息安全技术　可信计算　可信计算体系结构	WG7
198	GB/T 38644-2020	信息安全技术　可信计算　可信连接测试方法	WG7
199	GB/T 38645-2020	信息安全技术　网络安全事件应急演练指南	WG7
200	GB/T 39204-2022	信息安全技术　关键信息基础设施安全保护要求	WG7
201	GB/T 40652-2021	信息安全技术　恶意软件事件预防和处理指南	WG7
202	GB/T 41479-2022	信息安全技术　网络数据处理安全要求	WG7
203	GB/T 41574-2022	信息技术　安全技术　公有云中个人信息保护实践指南	WG7
204	GB/Z 24294.1-2018	信息安全技术　基于互联网电子政务信息安全实施指南　第1部分：总则	WG7
205	GB/Z 24294.2-2017	信息安全技术　基于互联网电子政务信息安全实施指南　第2部分：接入控制与安全交换	WG7
206	GB/Z 24294.3-2017	信息安全技术　基于互联网电子政务信息安全实施指南　第3部分：身份认证与授权管理	WG7
207	GB/Z 24294.4-2017	信息安全技术　基于互联网电子政务信息安全实施指南　第4部分：终端安全防护	WG7
208	GB/T 34942-2017	信息安全技术　云计算服务安全能力评估方法	SWG-BDS
209	GB/T 35273-2020	信息安全技术　个人信息安全规范	SWG-BDS
210	GB/T 35274-2017	信息安全技术　大数据服务安全能力要求	SWG-BDS
211	GB/T 35279-2017	信息安全技术　云计算安全参考架构	SWG-BDS
212	GB/T 37932-2019	信息安全技术　数据交易服务安全要求	SWG-BDS
213	GB/T 37950-2019	信息安全技术　桌面云安全技术要求	SWG-BDS
214	GB/T 37956-2019	信息安全技术　网站安全云防护平台技术要求	SWG-BDS
215	GB/T 37964-2019	信息安全技术　个人信息去标识化指南	SWG-BDS
216	GB/T 37971-2019	信息安全技术　智慧城市安全体系框架	SWG-BDS
217	GB/T 37972-2019	信息安全技术　云计算服务运行监管框架	SWG-BDS
218	GB/T 37973-2019	信息安全技术　大数据安全管理指南	SWG-BDS
219	GB/T 37988-2019	信息安全技术　数据安全能力成熟度模型	SWG-BDS

续表十一

序号	标准号	中文名称	工作组
220	GB/T 38249-2019	信息安全技术　政府网站云计算服务安全指南	SWG-BDS
221	GB/T 39335-2020	信息安全技术　个人信息安全影响评估指南	SWG-BDS
222	GB/T 39477-2020	信息安全技术　政务信息共享　数据安全技术要求	SWG-BDS
223	GB/T 39725-2020	信息安全技术　健康医疗数据安全指南	SWG-BDS
224	GB/T 41391-2022	信息安全技术　移动互联网应用程序（APP）收集个人信息基本要求	SWG-BDS
225	GB/T 41817-2022	信息安全技术　个人信息安全工程指南	SWG-BDS
226	GB/T 41871-2022	信息安全技术　汽车数据处理安全要求	SWG-BDS
227	GB/T 42012-2022	信息安全技术　即时通信服务数据安全要求	SWG-BDS
228	GB/T 42013-2022	信息安全技术　快递物流服务数据安全要求	SWG-BDS
229	GB/T 42014-2022	信息安全技术　网上购物服务数据安全要求	SWG-BDS
230	GB/T 42015-2022	信息安全技术　网络支付服务数据安全要求	SWG-BDS
231	GB/T 42016-2022	信息安全技术　网络音视频服务数据安全要求	SWG-BDS
232	GB/T 42017-2022	信息安全技术　网络预约汽车服务数据安全要求	SWG-BDS
233	GB/Z 38649-2020	信息安全技术　智慧城市建设信息安全保障指南	SWG-BDS

附录三 | 2017—2022年中国网络安全大事记

1. 中央网信办印发《国家网络安全事件应急预案》

2017年1月10日，中央网络安全和信息化领导小组办公室发布关于印发《国家网络安全事件应急预案》的通知，即日起开始实施。《国家网络安全事件应急预案》（以下简称预案）包括总则、组织机构与职责、监测与预警、应急处置、调查与评估、预防工作、保障措施、附则等内容，明确建立健全国家网络安全事件应急工作机制。预案为网络安全法的实施提供重要支撑，是国家网络安全事件应急预案体系的总纲，有效提高应对网络安全事件能力，预防和减少网络安全事件造成的损失和危害。

2. 《网络空间国际合作战略》发布

2017年3月1日，经中央网络安全和信息化领导小组批准，外交部和国家互联网信息办公室共同发布《网络空间国际合作战略》（以下简称战略），战略提出应在和平、主权、共治、普惠四项基本原则基础上推动网络空间国际合作。战略确立了中国参与网络空间国际合作的战略目标：坚定维护中国网络主权、安全和发展利益，保障互联网信息安全有序流动，提升国际互联互通水平，维护网络空间和平安全稳定等。战略还从倡导对隐私权等公民权益的保护、加强全球信息基础设施建设和保护等九个方面提出了中国推动并参与网络空间国际合作的行动计划。战略以和平发展、合作共赢为主题，以构建网络空间命运共同体为目标，就推动网络空间国际交流合作首次全面系统提出中国主张，为破解全球网络空间治理难题贡献中国方案，是中国参与网络空间国际交流与合作的指导性文件。

3. WannaCry勒索病毒席卷全球，对我国造成严重影响

2017年5月12日，英国、意大利、俄罗斯等全球多个国家爆发WannaCry勒索病毒攻击。WannaCry勒索软件席卷全球，至少150个国家、30万名用户中招，造成损失达80亿美元，已经影响到金融、能源、医疗等众多行业，造成严重的危机管理问题。中国部分Windows操作系统用户遭受感染，校园网用户首当其冲，大量实验室数据和毕业设计被锁定加密。部分大型企业的应用系统和数据库文件被加密后，无法正常工作，影响巨大。

4.《中华人民共和国网络安全法》正式实施

《中华人民共和国网络安全法》由第十二届全国人民代表大会常务委员会第二十四次会议正式通过，于2017年6月1日正式实施。网络安全法包括总则、网络安全支持与促进、网络运行安全、网络信息安全、监测预警与应急处置、法律责任、附则等七章79条。作为网络领域的基础性法律，网络安全法的公布和实施从法律上保障了广大人民群众在网络空间的利益，有效维护了国家网络空间主权和安全，同时将严惩破坏我国网络空间安全的组织和个人。

5.《网络关键设备和网络安全专用产品目录（第一批）》发布

2017年6月1日，为加强网络关键设备和网络安全专用产品安全管理，依据《中华人民共和国网络安全法》，国家互联网信息办公室会同工业和信息化部、公安部、国家认证认可监督管理委员会等部门制定了《网络关键设备和网络安全专用产品目录（第一批）》，自印发之日起施行。列入《网络关键设

备和网络安全专用产品目录》的设备和产品，应当按照相关国家标准的强制性要求，由具备资格的机构安全认证合格或者安全检测符合要求后，方可销售或者提供。

6. 实施一流网络安全学院建设示范项目

2017年8月8日，为贯彻习近平总书记关于加强一流网络安全学院建设的重要指示精神，落实网络安全法、《关于加强网络安全学科建设和人才培养的意见》明确的工作任务，中央网信办和教育部联合印发《一流网络安全学院建设示范项目管理办法》，决定在2017至2027年期间实施一流网络安全学院建设示范项目。一流网络安全学院建设示范项目的总体思路和目标是：以习近平总书记关于网络安全重要指示为指引，以建设世界一流网络安全学院为主要目标，以探索网络安全人才培养新思路、新体制、新机制为主要内容，改革创新，先行先试，从政策、投入等多方面采取措施，经过十年左右的努力，形成4—6所国内公认、国际上具有影响力和知名度的网络安全学院。

7. 世界首条量子保密通信干线——"京沪干线"开通

2017年9月29日，世界首条量子保密通信干线——"京沪干线"正式开通。结合"京沪干线"与"墨子号"量子卫星的天地链路，我国科学家成功实现了首次洲际量子保密通信。这标志着我国已构建出天地一体化广域量子通信网络雏形，为未来实现覆盖全球的量子保密通信网络迈出了坚实的一步。

8. 党的十九大报告对网络安全和信息化工作做出全面部署

2017年10月18日，中国共产党第十九次全国代表大会在北京人民大会堂开幕。党的十九大制定了新时代中国特色社会主义的行动纲领和发展蓝图，提出要建设网络强国、数字中国、智慧社会，推动互联网、大数据、人工智能和实体经济深度融合，建立网络综合治理体系，营造清朗的网络空间，提高基于网络信息体系的联合作战能力等，发展数字经济、共享经济，培育新增长点、形成新动能，标志着中国网信事业发展迎来了新起点。

9. 中央网络安全和信息化委员会成立

2018年3月，中共中央印发《深化党和国家机构改革方案》，为加强党中央对网信工作的集中统一领导，强化决策和统筹协调职责，将中央网络安全和信息化领导小组改为中央网络安全和信息化委员会，负责网络安全与信息化领域重大工作的顶层设计、总体布局、统筹协调、整体推进和督促落实。中央网络安全和信息化委员会的办事机构为中央网络安全和信息化委员会办公室，与国家互联网信息办公室一个机构两块牌子，列入中共中央直属机构序列。

10. 全国网络安全和信息化工作会议在京召开

2018年4月20至21日，全国网络安全和信息化工作会议召开，习近平总书记出席并发表重要讲话。习近平总书记强调，信息化为中华民族带来了千载难逢的机遇。我们必须敏锐抓住信息化发展的历史机遇，加强网上正面宣传，维护网络安全，推动信息领域核心技术突破，发挥信息化对经济社会发展的引领作用，加强网信领域军民融合，主动参与网络空间国际治理进程，自主创新推进网络强国建设，为决胜全面建成小康社会、夺取新时代中国特色社会主义伟大胜利、实现中华民族伟大复兴的中国梦做出新的贡献。

11. 发布《关于规范促进网络安全竞赛活动的通知》

为充分发挥网络安全竞赛活动在网络安全人才培养、技术产业发展中的积极作用，避免出现过度商业化、赛制单一化、选手逐利化等无序发展的现象，2018年6月5日，中央网信办和公安部发布《关于规范促进网络安全竞赛活动的通知》，明确提出网络安全竞赛要坚持国家安全和社会效益优先，公平公正、科学严谨、健康有序；网络安全竞赛要兼顾专业性和知识性，积极打造高水准品牌比赛，注重以多种形式面向青少年、网络安全从业人员举办知识型、技能型、普及型竞赛等七方面要求，对规范促进网络安全竞赛活动发挥了重要作用。

12. 公安部发布《网络安全等级保护条例（征求意见稿）》

2018年6月27日，公安部发布《网络安全等级保护条例（征求意见稿）》（以下简称《等保条例》）。《等保条例》由公安部会同中央网信办、国家保密局和国家密码管理局，依据《中华人民共和国网络安全法》《中华人民共和国保守国家秘密法》等法律联合起草。《等保条例》要求网络安全等级保护工作应当按照突出重点、主动防御、综合防控的原则，建立健全网络安全防护体系，重点保护涉及国家安全、国计民生、社会公共利益的网络的基础设施安全、运行安全和数据安全。《等保条例》拟将网络分为五个安全保护等级，要求网络运营者依法开展网络定级备案、安全建设整改、等级测评和自查等工作，采取管理和技术措施，保障网络基础设施安全、网络运行安全、数据安全和信息安全，有效应对网络安全事件，防范网络违法犯罪活动。

13.《具有舆论属性或社会动员能力的互联网信息服务安全评估规定》发布

2018年11月15日，国家互联网信息办公室和公安部发布《具有舆论属性或社会动员能力的互联网信息服务安全评估规定》，旨在督促指导具有舆论属性或社会动员能力的信息服务提供者履行法律规定的安全管理义务，维护网上信息安全、秩序稳定，防范谣言和虚假信息等违法信息传播带来危害，是促进互联网企业依法落实信息网络安全义务的重要措施。

14.《区块链信息服务管理规定》发布

2019年1月10日，国家互联网信息办公室发布《区块链信息服务管理规定》（以下简称《规定》），自2019年2月15日起施行。《规定》旨在明确区块链信息服务提供者的信息安全管理责任，规范和促进区块链技术及相关服务健康发展，规避区块链信息服务安全风险，为区块链信息服务的提供、使用、管理等提供有效的法律依据。《规定》提出，区块链信息服务提供者应当落实信息内容安全管理主体责任；配备与其服务相适应的技术条件；制定和公开管理规则和平台公约；落实真实身份信息认证制度；不得利用区块链信息服务从事法律、行政法规禁止的活动或者制作、复制、发布、传播法律、行政法规禁止的信息内容；对违反法律、行政法规和服务协议的区块链信息服务使用者，应当依法依约采取处置措施。

15. 四部门联合开展APP违法违规收集使用个人信息专项治理

2019年1月25日，中央网信办、工信部、公安部、市场监管总局四部门发布《关于开展APP违法违规收集使用个人信息专项治理的公告》，自2019年1至12月，在全国范围内组织开展APP违法违规收集使用个人信息专项治理行动。本次治理将重点开展以下工作。一是组织相关专业机构，对用户数量大、与民众生活密切相关的APP隐私政策和个人信息收集使用情况进行评估。二是加强对违法违规收集使用个人信息行为的监管和处罚，包括责令有关运营者限期整改；逾期不改的，公开曝光；情节严重的，依法暂停相关业务、停业整顿、吊销相关业务许可证或者吊销营业执照。三是公安机关开展打击整治网络侵犯公民个人信息违法犯罪专项工作，依法严厉打击针对和利用个人信息的违法犯罪行为。四是开展自愿性APP个人信息安全认证，鼓励搜索引擎、应用商店等明确标识并优先推荐通过认证的APP。2019年11月28日，国家网信办秘书局、工信部办公厅、公安部办公厅、市场监管总局办公厅联合发布《APP违法违规收集使用个人信息行为认定方法》，为认定APP违法违规收集使用个人信息行为提供参考。

16.《云计算服务安全评估办法》发布

2019年7月，国家互联网信息办公室、国家发展和改革委员会、工业和信息化部、财政部联合发布了《云计算服务安全评估办法》，自同年9月1日起施行。该办法从评估主体、责任、流程等多环节探索建立系统评估机制，为提升党政机关和关键信息基础设施运营者采购使用云计算服务的安全可控水平、降低采购使用云计算服务带来的网络安全风险提供支持。

17. 习近平总书记对国家网络安全宣传周做出重要指示

2019年国家网络安全宣传周开幕式9月16日在天津举行，中共中央总书记、国家主席、中央军委主席习近平对国家网络安全宣传周做出重要指示强调,举办网络安全宣传周、提升全民网络安全意识和技能,是国家网络安全工作的重要内容。国家网络安全工作要坚持网络安全为人民、网络安全靠人民,保障个人信息安全,维护公民在网络空间的合法权益。要坚持网络安全教育、技术、产业融合发展,形成人才培养、技术创新、产业发展的良性生态。要坚持促进发展和依法管理相统一,既大力培育人工智能、物联网、下一代通信网络等新技术新应用,又积极利用法律法规和标准规范引导新技术应用。要坚持安全可控和开放创新并重,立足于开放环境维护网络安全,加强国际交流合作,提升广大人民群众在网络空间的获得感、幸福感、安全感。

18. 我国首部专门针对儿童网络保护的立法出台

2019年10月1日,由国家互联网信息办公室发布的《儿童个人信息网络保护规定》(以下简称《规定》)正式实施。《规定》首先明确了儿童个人信息网络保护的正当必要、知情同意、目的明确、安全保障、依法利用五大原则,并对知情同意原则做出进一步明确和细化;其次,注意到了立法依据和立法权限的问题,进一步具体化、明确化网络安全法、未成年人保护法等法律、行政法规中,对未成年人保护和个人信息保护规定中较为模糊的内容,包括明确了同意的要求、具体的告知事项、数据泄露应急措施、安全保障等规定。

19. 世界互联网大会组委会发布《携手构建网络空间命运共同体》概念文件和《携手构建网络空间命运共同体行动倡议》

2019年10月,世界互联网大会组委会发布《携手构建网络空间命运共同体》概念文件。文件全面阐释"构建网络空间命运共同体"理念的时代背景、基本原则、实践路径和治理架构,倡议国际社会携手合作,共谋发展福祉,共迎安全挑战,把网络空间建设成造福全人类的发展共同体、安全共同体、责任共同体、利益共同体。2020年11月18日,世界互联网大会组委会发布《携手构建网络空间命运共同体行动倡议》。倡议呼吁,各国政府、国际组织、互联网企业、技术社群、社会组织和公民个人坚持共商共建共享的全球治理观,秉持

"发展共同推进、安全共同维护、治理共同参与、成果共同分享"的理念,把网络空间建设成为造福全人类的发展共同体、安全共同体、责任共同体、利益共同体。

20.《中华人民共和国密码法》颁布

2019年10月26日,十三届全国人大常委会第十四次会议通过《中华人民共和国密码法》,该法于2020年1月1日起施行。密码法包括总则、核心密码与普通密码、商用密码、法律责任、附则等五章44条。密码法是总体国家安全观框架下,国家安全法律体系的重要组成部分,其颁布实施将极大提升密码工作的科学化、规范化、法治化水平,有力促进密码技术进步、产业发展和规范应用,切实维护国家安全、社会公共利益以及公民、法人和其他组织的合法权益。

21.《网络音视频信息服务管理规定》印发

2019年11月,国家互联网信息办公室、文化和旅游部、国家广播电视总局联合印发了《网络音视频信息服务管理规定》(以下简称《规定》),自2020年1月1日起施行。国家互联网信息办公室有关负责人表示,出台《规定》,旨在促进网络音视频信息服务健康有序发展,保护公民、法人和其他组织的合法权益,维护国家安全和公共利益。

22.《网络信息内容生态治理规定》正式实施

2020年3月1日起,《网络信息内容生态治理规定》(以下简称《规定》)正式实施。为了营造良好网络生态,保障公民、法人和其他组织的合法权益,维护国家安全和公共利益,根据《中华人民共和国国家安全法》《中华人民共和国网络安全法》《互联网信息服务管理办法》等法律、行政法规,制定本《规定》。政府、企业、社会、网民等主体,以培育和践行社会主义核心价值观为根本,以网络信息内容为主要治理对象,以建立健全网络综合治理体系、营造清朗的网络空间、建设良好的网络生态为目标,开展弘扬正能量、处置违法和不良信息等相关活动。

23.《网络安全审查办法》发布

2020年4月,国家互联网信息办公室、国家发展改革委等12个部门联合发布了《网络安全审查办法》(以下简称《办法》),该《办法》自2020年6月1日起实施,《网络产品和服务安全审查办法(试行)》同时废止。《办法》明确,关键信息基础设施运营者采购网络产品和服务,影响或可能影响国家安全的,应当按照该《办法》进行网络安全审查,并明确了审查的原则、范围、方式、流程等。该《办法》的发布,是落实网络安全法要求、构建国家网络安全审查工作机制的重要举措,有力保障了国家安全、经济发展和社会稳定。2021年7月,国家互联网信息办公室对《网络安全审查办法(修订草案征求意见稿)》公开征求意见。2022年1月4日,《网络安全审查办法》修订后正式发布,修订后的《网络安全审查办法》自2022年2月15日起施行。

24.《关于构建更加完善的要素市场化配置体制机制的意见》发布

2020年4月9日,中共中央、国务院发布《关于构建更加完善的要素市场化配置体制机制的意见》(以下简称《意见》)。《意见》提出,加快培育数据要素市场。具体包括推进政府数据开放共享,提升社会数据资源价值,加强数据资源整合和安全保护。

25.《中华人民共和国民法典》颁布

2020年5月28日,第十三届全国人民代表大会第三次会议通过《中华人民共和国民法典》,并于2021年1月1日起正式施行。民法典是新中国成立以来第一部以"法典"命名的法律,是新时代我国社会主义法治建设的重大成果。在网络安全方面,民法典从总则编、人格权编一般性规定及针对个人信息合理使用的具体规定三个层面进行了规范,完善了对隐私权和民事领域个人信息的保护。

26. 中国提出《全球数据安全倡议》

2020年9月8日,时任国务委员兼外交部长王毅在"抓住数字机遇,共谋合作发展"国际研讨会高级别会议上发表题为《坚守多边主义 倡导公平正义 携手合作共赢》主旨讲话，提出《全球数据安全倡议》（以下简称倡议）。倡议的主要内容包括：积极维护全球供应链的开放、安全和稳定；反对利用信息技术破坏他国关键基础设施或窃取重要数据；采取措施防范制止利用信息技术侵害个人信息，反对滥用信息技术从事针对他国的大规模监控；要求企业尊重当地法律，不得强制要求本国企业将境外数据存储在境内；未经他国允许不得直接向企业或个人调取境外数据；企业不得在产品和服务中设置后门。

27.《常见类型移动互联网应用程序必要个人信息范围规定》发布

2021年3月12日，为贯彻落实《中华人民共和国网络安全法》关于"网络运营者收集、使用个人信息，应当遵循合法、正当、必要的原则"，"网络运营者不得收集与其提供的服务无关的个人信息"等规定，国家互联网信息办公室、工业和信息化部、公安部、国家市场监督管理总局联合制定了《常见类型移动互联网应用程序必要个人信息范围规定》，明确移动互联网应用程序（APP）运营者不得因用户不同意收集非必要个人信息，而拒绝用户使用APP基本功能服务。

28.《中华人民共和国数据安全法》颁布

2021年6月10日，第十三届全国人民代表大会常务委员会第二十九次会议通过《中华人民共和国数据安全法》，并于2021年9月1日起实施。数据安全法包括总则、数据安全与发展、数据安全制度、数据安全保护义务、政务数据安全与开放、法律责任、附则等七章55条。数据安全法完善了国家数据安全工作体制机制、重点确立了数据安全保护的各项基本机制，是我国数据安全领域的基础性法律。

29.《党委（党组）网络安全工作责任制实施办法》公开发布

2021年8月4日，《人民日报》头版发布《中国共产党党内法规体系》一文。

同时,《中国共产党党内法规汇编》公开发行,收录了《党委(党组)网络安全工作责任制实施办法》,作为《中国共产党党内法规体系》唯一收录的网络安全领域的党内法规,它的公开发布对厘清网络安全责任、落实保障措施、推动网信事业发展产生巨大影响。

30.《汽车数据安全管理若干规定(试行)》发布

2021年8月16日,国家互联网信息办公室、国家发展和改革委员会、工业和信息化部、公安部、交通运输部联合发布《汽车数据安全管理若干规定(试行)》(以下简称《规定》),自2021年10月1日起施行。《规定》旨在规范汽车数据处理活动,保护个人、组织的合法权益,维护国家安全和社会公共利益,促进汽车数据合理开发利用。随着新一代信息技术与汽车产业加速融合,智能汽车产业、车联网技术的快速发展,以自动辅助驾驶为代表的人工智能技术日益普及,汽车数据处理能力日益增强,暴露出的汽车数据安全问题和风险隐患日益突出。在汽车数据安全管理领域出台有针对性的规章制度,明确汽车数据处理者的责任和义务,规范汽车数据处理活动,是防范化解汽车数据安全风险、保障汽车数据依法合理有效利用的需要,也是维护国家安全利益、保护个人合法权益的需要。

31.《关键信息基础设施安全保护条例》发布

2021年8月17日,《关键信息基础设施安全保护条例》(以下简称《条例》)正式发布,并于2021年9月1日起施行。《条例》旨在建立国家关键信息基础设施安全保护制度,明确各方责任,加强关键信息基础设施安全保护、保卫和保障,进一步提升我国网络空间安全保障的整体水平,切实维护国家网络安全和国家安全。

32.《中华人民共和国个人信息保护法》颁布

2021年8月20日,十三届全国人大常委会第三十次会议通过《中华人民共和国个人信息保护法》，并于2021年11月1日起正式施行。个人信息保护法包括总则、个人信息处理规则、个人信息跨境提供的规则、个人在个人信息处理活动中的权利、个人信息处理者的义务、履行个人信息保护职责的部门、法律责任、附则等八章74条。个人信息保护法是我国第一部专门规范个人信息保护的法律，集中展示了个人信息保护法治的中国方案，必将对信息经济社会生活和国家治理产生深远影响。

33.《网络产品安全漏洞管理规定》发布

2021年9月1日，《网络产品安全漏洞管理规定》（以下简称《规定》）施行。根据《规定》，中华人民共和国境内的网络产品（含硬件、软件）提供者和网络运营者，以及从事网络产品安全漏洞发现、收集、发布等活动的组织或者个人，应当遵守本《规定》。《规定》提出，任何组织或者个人不得利用网络产品安全漏洞从事危害网络安全的活动，不得非法收集、出售、发布网络产品安全漏洞信息；明知他人利用网络产品安全漏洞从事危害网络安全的活动的，不得为其提供技术支持、广告推广、支付结算等帮助。《规定》明确，利用网络产品安全漏洞从事危害网络安全活动，或者为他人利用网络产品安全漏洞从事危害网络安全活动提供技术支持的，由公安机关依法处理；构成《中华人民共和国网络安全法》第六十三条规定情形的，依照该《规定》予以处罚；构成犯罪的，依法追究刑事责任。

34.国家网信办对《网络数据安全管理条例（征求意见稿）》公开征求意见

2021年11月14日，国家网信办发布了《网络数据安全管理条例（征求意见稿）》公开征求意见。《网络数据安全管理条例（征求意见稿）》是为落实网络安全法、数据安全法、个人信息保护法等法律关于数据安全管理的规定，是规范网络数据处理活动，保护个人、组织在网络空间的合法权益，维护国家安全和公共利益的重要举措。根据国务院2021年立法计划，国家互联网信息办公室会同相关部门研究起草的征求意见稿。

35. 中央网络安全和信息化委员会印发《"十四五"国家信息化规划》

2021年12月，中央网络安全和信息化委员会印发《"十四五"国家信息化规划》（以下简称《规划》），对我国"十四五"时期信息化发展做出部署安排。《规划》是"十四五"国家规划体系的重要组成部分，是指导各地区、各部门信息化工作的行动指南。在网络安全方面，《规划》坚持安全和发展并重，树立科学的网络安全观，切实守住网络安全底线，以安全保发展、以发展促安全，推动网络安全与信息化发展协调一致、齐头并进，统筹提升信息化发展水平和网络安全保障能力。《规划》确立了"防范化解风险，确保更为安全发展"的主攻方向，提出"培育先进安全的数字产业体系"等重大任务和重点工程。

36. 国务院印发《"十四五"数字经济发展规划》

2021年12月，国务院印发《"十四五"数字经济发展规划》，面对我国数字经济发展的新形势新挑战，提出初步建立数据要素市场体系、快速推进产业数字化转型、显著提升数字产业化水平、推动数字化公共服务普惠均等、不断完善数字经济治理体系等发展目标。在网络安全方向，坚持统筹发展和安全、统筹国内和国际，提出"着力强化数字经济安全体系"，要求"增强网络安全防护能力、提升数据安全保障水平、切实有效防范各类风险"，"加强网络安全基础设施建设，强化跨领域网络安全信息共享和工作协同，健全完善网络安全应急事件预警通报机制，提升网络安全态势感知、威胁发现、应急指挥、协同处置和攻击溯源能力"，"建立健全数据安全治理体系，研究完善行业数据安全管理政策"，"强化数字经济安全风险综合研判，防范各类风险叠加可能引发的经济风险、技术风险和社会稳定问题"。

37. 开展数据安全管理认证工作

2022年6月5日，根据《中华人民共和国网络安全法》《中华人民共和国数据安全法》《中华人民共和国个人信息保护法》《中华人民共和国认证认可条例》有关规定，国家市场监督管理总局、国家互联网信息办公室发布《关于开展数据安全管理认证工作的公告》，鼓励网络运营者通过认证方式规范网络数据处理活动，加强网络数据安全保护。从事数据安全管理认证活动的认证机构应当依法设立，并按照《数据安全管理认证实施规则》实施认证。

38.《数据出境安全评估办法》发布

2022年7月7日，国家互联网信息办公室公布《数据出境安全评估办法》（以下简称《办法》），自2022年9月1日起施行。制定出台《办法》是落实网络安全法、数据安全法、个人信息保护法有关数据出境规定的重要举措，目的是进一步规范数据出境活动，保护个人信息权益，维护国家安全和社会公共利益，促进数据跨境安全、自由流动。

39. 世界互联网大会国际组织正式成立

2022年7月12日，世界互联网大会在北京召开成立大会，正式宣告成为国际组织。世界互联网大会国际组织总部设于中国北京，组织机构包括会员大会、理事会、秘书处、高级别咨询委员会和专业委员会等，会员由国际组织、全球互联网领域领军企业、权威机构、行业组织及顶尖专家学者构成。世界互联网大会致力于搭建全球互联网共商共建共享平台，推动国际社会顺应信息时代数字化、网络化、智能化趋势，共迎安全挑战，共谋发展福祉，携手构建网络空间命运共同体。

40.《中华人民共和国反电信网络诈骗法》实施

2022年9月2日，十三届全国人大常委会第三十六次会议表决通过《中华人民共和国反电信网络诈骗法》，于2022年12月1日起施行。反电信网络诈骗法共七章50条，包括总则、电信治理、金融治理、互联网治理、综合措施、法律责任、附则等，坚持以人民为中心，统筹发展和安全，立足各环节、全链条防范治理电信网络诈骗，精准发力，为反电信网络诈骗工作提供有力法律支撑。

41. 首批国家网络安全教育技术产业融合发展试验区授牌

2022年9月5日，国家网络安全宣传周开幕式在安徽省合肥市举行。开幕式上，首批国家网络安全教育技术产业融合发展试验区授牌。首批国家网络安全教育技术产业融合发展试验区分别为：安徽省合肥高新技术产业开发区、北京市海淀区、陕西省西安市雁塔区、湖南省长沙高新技术产业开发区、山东省济南高新技术产业开发区。该试验区由中共中央网信办、教育部、科技部、工业和信息化部共同组织实施。通过推动试验区建设，旨在探索网络安全教育技术产业融合发展的新机制、新模式，形成一系列鼓励和支持融合发展的制度和政策，培育一批支撑融合发展的创新载体，进而总结形成可借鉴、可复制、可推广的经验做法，推动在全国范围内形成网络安全人才培养、技术创新产业发展的良性生态。

42. 党的二十大报告对网络安全和信息化工作做出全面部署

2022年10月16日，中国共产党第二十次全国代表大会在北京人民大会堂开幕。习近平代表第十九届中央委员会向大会做报告。党的二十大报告深入分析国际国内形势，全面回顾总结过去五年工作和新时代十年的伟大变革，科学擘画了未来中国的发展蓝图，提出加快建设制造强国、质量强国、航天强国、交通强国、网络强国、数字中国，并对网信工作做出战略部署，将强化网络、数据等安全保障体系建设列入健全国家安全体系的一部分，提出加强个人信息保护。

43. 实施个人信息保护认证

为贯彻落实《中华人民共和国个人信息保护法》有关规定，规范个人信息处理活动，促进个人信息合理利用，2022年11月4日，根据《中华人民共和国认证认可条例》，国家市场监督管理总局、国家互联网信息办公室发布《关于实施个人信息保护认证的公告》，鼓励个人信息处理者通过认证方式提升个人信息保护能力。从事个人信息保护认证工作的认证机构应当经批准后开展有关认证活动，并按照《个人信息保护认证实施规则》实施认证。

44. 我国首部关键信息基础设施安全保护国家标准在京发布

2022年11月7日，国家市场监管总局标准技术司、中央网信办网络安全协调局、公安部网络安全保卫局在京联合发布《信息安全技术 关键信息基础设施安全保护要求》（GB/T 39204-2022，以下简称《要求》）国家标准，自2023年5月1日正式实施。作为我国第一项关键信息基础设施安全保护的国家标准，《要求》提出了以关键业务为核心的整体防控、以风险管理为导向的动态防护、以信息共享为基础的协同联防的关键信息基础设施安全保护三项基本原则，从分析识别、安全防护、检测评估、监测预警、主动防御、事件处置六个方面提出了111条安全要求，为运营者开展关键信息基础设施保护工作需求提供了强有力的标准保障。

45.《互联网信息服务深度合成管理规定》发布

2022年11月25日，国家互联网信息办公室、工业和信息化部、公安部联合发布《互联网信息服务深度合成管理规定》（以下简称《规定》），自2023年1月10日起施行。《规定》旨在加强互联网信息服务深度合成管理，弘扬社会主义核心价值观，维护国家安全和社会公共利益，保护公民、法人和其他组织的合法权益。

附录四 | 2017—2022年主要法律法规

中华人民共和国网络安全法

（2016年11月7日第十二届全国人民代表大会常务委员会第二十四次会议通过）

第一章　总　则

第一条　为了保障网络安全，维护网络空间主权和国家安全、社会公共利益，保护公民、法人和其他组织的合法权益，促进经济社会信息化健康发展，制定本法。

第二条　在中华人民共和国境内建设、运营、维护和使用网络，以及网络安全的监督管理，适用本法。

第三条　国家坚持网络安全与信息化发展并重，遵循积极利用、科学发展、依法管理、确保安全的方针，推进网络基础设施建设和互联互通，鼓励网络技术创新和应用，支持培养网络安全人才，建立健全网络安全保障体系，提高网络安全保护能力。

第四条　国家制定并不断完善网络安全战略，明确保障网络安全的基本要求和主要目标，提出重点领域的网络安全政策、工作任务和措施。

第五条　国家采取措施，监测、防御、处置来源于中华人民共和国境内外的网络安全风险和威胁，保护关键信息基础设施免受攻击、侵入、干扰和破坏，依法惩治网络违法犯罪活动，维护网络空间安全和秩序。

第六条　国家倡导诚实守信、健康文明的网络行为，推动传播社会主义核心价值观，采取措施提高全社会的网络安全意识和水平，形成全社会共同参与促进网络安全的良好环境。

第七条　国家积极开展网络空间治理、网络技术研发和标准制定、打击网络违法犯罪等方面的国际交流与合作，推动构建和平、安全、开放、合作的网络空间，建立多边、民主、透明的网络治理体系。

第八条　国家网信部门负责统筹协调网络安全工作和相关监督管理工作。国务院电信主管部门、公安部门和其他有关机关依照本法和有关法律、行政法规的规定，在各自职责范围内负责网络安全保护和监督管理工作。

县级以上地方人民政府有关部门的网络安全保护和监督管理职责，按照国家有关规定确定。

第九条　网络运营者开展经营和服务活动，必须遵守法律、行政法规，尊重社会公德，遵守商业道德，诚实信用，履行网络安全保护义务，接受政府和社会的监督，承担社会责任。

第十条　建设、运营网络或者通过网络提供服务，应当依照法律、行政法规的规定和国家标准的强制性要求，采取技术措施和其他必要措施，保障网络安全、稳定运行，有效应对网络安全事件，防范网络违法犯罪活动，维护网络数据的完整性、保密性和可用性。

第十一条　网络相关行业组织按照章程，加强行业自律，制定网络安全行为规范，指导会员加强网络安全保护，提高网络安全保护水平，促进行业健康发展。

第十二条　国家保护公民、法人和其他组织依法使用网络的权利，促进网络接入普及，提升网络服务水平，为社会提供安全、便利的网络服务，保障网络信息依法有序自由流动。

任何个人和组织使用网络应当遵守宪法法律，遵守公共秩序，尊重社会公德，不得危害网络安全，不得利用网络从事危害国家安全、荣誉和利益，煽动颠覆国家政权、推翻社会主义制度，煽动分裂国家、破坏国家统一，宣扬恐怖主义、极端主义，宣扬民族仇恨、民族歧视，传播暴力、淫秽色情信息，编造、传播虚假信息扰乱经济秩序和社会秩序，以及侵害他人名誉、隐私、知识产权和其他合法权益等活动。

第十三条 国家支持研究开发有利于未成年人健康成长的网络产品和服务，依法惩治利用网络从事危害未成年人身心健康的活动，为未成年人提供安全、健康的网络环境。

第十四条 任何个人和组织有权对危害网络安全的行为向网信、电信、公安等部门举报。收到举报的部门应当及时依法作出处理；不属于本部门职责的，应当及时移送有权处理的部门。

有关部门应当对举报人的相关信息予以保密，保护举报人的合法权益。

第二章 网络安全支持与促进

第十五条 国家建立和完善网络安全标准体系。国务院标准化行政主管部门和国务院其他有关部门根据各自的职责，组织制定并适时修订有关网络安全管理以及网络产品、服务和运行安全的国家标准、行业标准。

国家支持企业、研究机构、高等学校、网络相关行业组织参与网络安全国家标准、行业标准的制定。

第十六条 国务院和省、自治区、直辖市人民政府应当统筹规划，加大投入，扶持重点网络安全技术产业和项目，支持网络安全技术的研究开发和应用，推广安全可信的网络产品和服务，保护网络技术知识产权，支持企业、研究机构和高等学校等参与国家网络安全技术创新项目。

第十七条 国家推进网络安全社会化服务体系建设，鼓励有关企业、机构开展网络安全认证、检测和风险评估等安全服务。

第十八条 国家鼓励开发网络数据安全保护和利用技术，促进公共数据资源开放，推动技术创新和经济社会发展。

国家支持创新网络安全管理方式，运用网络新技术，提升网络安全保护水平。

第十九条 各级人民政府及其有关部门应当组织开展经常性的网络安全宣

传教育，并指导、督促有关单位做好网络安全宣传教育工作。

大众传播媒介应当有针对性地面向社会进行网络安全宣传教育。

第二十条 国家支持企业和高等学校、职业学校等教育培训机构开展网络安全相关教育与培训，采取多种方式培养网络安全人才，促进网络安全人才交流。

第三章　网络运行安全

第一节　一般规定

第二十一条 国家实行网络安全等级保护制度。网络运营者应当按照网络安全等级保护制度的要求，履行下列安全保护义务，保障网络免受干扰、破坏或者未经授权的访问，防止网络数据泄露或者被窃取、篡改：

（一）制定内部安全管理制度和操作规程，确定网络安全负责人，落实网络安全保护责任；

（二）采取防范计算机病毒和网络攻击、网络侵入等危害网络安全行为的技术措施；

（三）采取监测、记录网络运行状态、网络安全事件的技术措施，并按照规定留存相关的网络日志不少于六个月；

（四）采取数据分类、重要数据备份和加密等措施；

（五）法律、行政法规规定的其他义务。

第二十二条 网络产品、服务应当符合相关国家标准的强制性要求。网络产品、服务的提供者不得设置恶意程序；发现其网络产品、服务存在安全缺陷、漏洞等风险时，应当立即采取补救措施，按照规定及时告知用户并向有关主管部门报告。

网络产品、服务的提供者应当为其产品、服务持续提供安全维护；在规定或者当事人约定的期限内，不得终止提供安全维护。

网络产品、服务具有收集用户信息功能的，其提供者应当向用户明示并取得同意；涉及用户个人信息的，还应当遵守本法和有关法律、行政法规关于个人信息保护的规定。

第二十三条　网络关键设备和网络安全专用产品应当按照相关国家标准的强制性要求，由具备资格的机构安全认证合格或者安全检测符合要求后，方可销售或者提供。国家网信部门会同国务院有关部门制定、公布网络关键设备和网络安全专用产品目录，并推动安全认证和安全检测结果互认，避免重复认证、检测。

第二十四条　网络运营者为用户办理网络接入、域名注册服务，办理固定电话、移动电话等入网手续，或者为用户提供信息发布、即时通讯等服务，在与用户签订协议或者确认提供服务时，应当要求用户提供真实身份信息。用户不提供真实身份信息的，网络运营者不得为其提供相关服务。

国家实施网络可信身份战略，支持研究开发安全、方便的电子身份认证技术，推动不同电子身份认证之间的互认。

第二十五条　网络运营者应当制定网络安全事件应急预案，及时处置系统漏洞、计算机病毒、网络攻击、网络侵入等安全风险；在发生危害网络安全的事件时，立即启动应急预案，采取相应的补救措施，并按照规定向有关主管部门报告。

第二十六条　开展网络安全认证、检测、风险评估等活动，向社会发布系统漏洞、计算机病毒、网络攻击、网络侵入等网络安全信息，应当遵守国家有关规定。

第二十七条　任何个人和组织不得从事非法侵入他人网络、干扰他人网络正常功能、窃取网络数据等危害网络安全的活动；不得提供专门用于从事侵入网络、干扰网络正常功能及防护措施、窃取网络数据等危害网络安全活动的程序、工具；明知他人从事危害网络安全的活动的，不得为其提供技术支持、广告推广、支付结算等帮助。

第二十八条　网络运营者应当为公安机关、国家安全机关依法维护国家安全和侦查犯罪的活动提供技术支持和协助。

第二十九条　国家支持网络运营者之间在网络安全信息收集、分析、通报和应急处置等方面进行合作，提高网络运营者的安全保障能力。

有关行业组织建立健全本行业的网络安全保护规范和协作机制，加强对网络安全风险的分析评估，定期向会员进行风险警示，支持、协助会员应对网络安全风险。

第三十条 网信部门和有关部门在履行网络安全保护职责中获取的信息，只能用于维护网络安全的需要，不得用于其他用途。

第二节 关键信息基础设施的运行安全

第三十一条 国家对公共通信和信息服务、能源、交通、水利、金融、公共服务、电子政务等重要行业和领域，以及其他一旦遭到破坏、丧失功能或者数据泄露，可能严重危害国家安全、国计民生、公共利益的关键信息基础设施，在网络安全等级保护制度的基础上，实行重点保护。关键信息基础设施的具体范围和安全保护办法由国务院制定。

国家鼓励关键信息基础设施以外的网络运营者自愿参与关键信息基础设施保护体系。

第三十二条 按照国务院规定的职责分工，负责关键信息基础设施安全保护工作的部门分别编制并组织实施本行业、本领域的关键信息基础设施安全规划，指导和监督关键信息基础设施运行安全保护工作。

第三十三条 建设关键信息基础设施应当确保其具有支持业务稳定、持续运行的性能，并保证安全技术措施同步规划、同步建设、同步使用。

第三十四条 除本法第二十一条的规定外，关键信息基础设施的运营者还应当履行下列安全保护义务：

（一）设置专门安全管理机构和安全管理负责人，并对该负责人和关键岗位的人员进行安全背景审查；

（二）定期对从业人员进行网络安全教育、技术培训和技能考核；

（三）对重要系统和数据库进行容灾备份；

（四）制定网络安全事件应急预案，并定期进行演练；

（五）法律、行政法规规定的其他义务。

第三十五条 关键信息基础设施的运营者采购网络产品和服务，可能影响国家安全的，应当通过国家网信部门会同国务院有关部门组织的国家安全审查。

第三十六条　关键信息基础设施的运营者采购网络产品和服务，应当按照规定与提供者签订安全保密协议，明确安全和保密义务与责任。

第三十七条　关键信息基础设施的运营者在中华人民共和国境内运营中收集和产生的个人信息和重要数据应当在境内存储。因业务需要，确需向境外提供的，应当按照国家网信部门会同国务院有关部门制定的办法进行安全评估；法律、行政法规另有规定的，依照其规定。

第三十八条　关键信息基础设施的运营者应当自行或者委托网络安全服务机构对其网络的安全性和可能存在的风险每年至少进行一次检测评估，并将检测评估情况和改进措施报送相关负责关键信息基础设施安全保护工作的部门。

第三十九条　国家网信部门应当统筹协调有关部门对关键信息基础设施的安全保护采取下列措施：

（一）对关键信息基础设施的安全风险进行抽查检测，提出改进措施，必要时可以委托网络安全服务机构对网络存在的安全风险进行检测评估；

（二）定期组织关键信息基础设施的运营者进行网络安全应急演练，提高应对网络安全事件的水平和协同配合能力；

（三）促进有关部门、关键信息基础设施的运营者以及有关研究机构、网络安全服务机构等之间的网络安全信息共享；

（四）对网络安全事件的应急处置与网络功能的恢复等，提供技术支持和协助。

第四章　网络信息安全

第四十条　网络运营者应当对其收集的用户信息严格保密，并建立健全用户信息保护制度。

第四十一条　网络运营者收集、使用个人信息，应当遵循合法、正当、必要的原则，公开收集、使用规则，明示收集、使用信息的目的、方式和范围，并经被收集者同意。

网络运营者不得收集与其提供的服务无关的个人信息，不得违反法律、行政法规的规定和双方的约定收集、使用个人信息，并应当依照法律、行政法规的规定和与用户的约定，处理其保存的个人信息。

第四十二条　网络运营者不得泄露、篡改、毁损其收集的个人信息；未经被收集者同意，不得向他人提供个人信息。但是，经过处理无法识别特定个人且不能复原的除外。

网络运营者应当采取技术措施和其他必要措施，确保其收集的个人信息安全，防止信息泄露、毁损、丢失。在发生或者可能发生个人信息泄露、毁损、丢失的情况时，应当立即采取补救措施，按照规定及时告知用户并向有关主管部门报告。

第四十三条　个人发现网络运营者违反法律、行政法规的规定或者双方的约定收集、使用其个人信息的，有权要求网络运营者删除其个人信息；发现网络运营者收集、存储的其个人信息有错误的，有权要求网络运营者予以更正。网络运营者应当采取措施予以删除或者更正。

第四十四条　任何个人和组织不得窃取或者以其他非法方式获取个人信息，不得非法出售或者非法向他人提供个人信息。

第四十五条　依法负有网络安全监督管理职责的部门及其工作人员，必须对在履行职责中知悉的个人信息、隐私和商业秘密严格保密，不得泄露、出售或者非法向他人提供。

第四十六条　任何个人和组织应当对其使用网络的行为负责，不得设立用于实施诈骗，传授犯罪方法，制作或者销售违禁物品、管制物品等违法犯罪活动的网站、通讯群组，不得利用网络发布涉及实施诈骗，制作或者销售违禁物品、管制物品以及其他违法犯罪活动的信息。

第四十七条　网络运营者应当加强对其用户发布的信息的管理，发现法律、行政法规禁止发布或者传输的信息的，应当立即停止传输该信息，采取消除等处置措施，防止信息扩散，保存有关记录，并向有关主管部门报告。

第四十八条　任何个人和组织发送的电子信息、提供的应用软件，不得设置恶意程序，不得含有法律、行政法规禁止发布或者传输的信息。

电子信息发送服务提供者和应用软件下载服务提供者，应当履行安全管理义务，知道其用户有前款规定行为的，应当停止提供服务，采取消除等处置措施，保存有关记录，并向有关主管部门报告。

第四十九条 网络运营者应当建立网络信息安全投诉、举报制度，公布投诉、举报方式等信息，及时受理并处理有关网络信息安全的投诉和举报。

网络运营者对网信部门和有关部门依法实施的监督检查，应当予以配合。

第五十条 国家网信部门和有关部门依法履行网络信息安全监督管理职责，发现法律、行政法规禁止发布或者传输的信息的，应当要求网络运营者停止传输，采取消除等处置措施，保存有关记录；对来源于中华人民共和国境外的上述信息，应当通知有关机构采取技术措施和其他必要措施阻断传播。

第五章　监测预警与应急处置

第五十一条 国家建立网络安全监测预警和信息通报制度。国家网信部门应当统筹协调有关部门加强网络安全信息收集、分析和通报工作，按照规定统一发布网络安全监测预警信息。

第五十二条 负责关键信息基础设施安全保护工作的部门，应当建立健全本行业、本领域的网络安全监测预警和信息通报制度，并按照规定报送网络安全监测预警信息。

第五十三条 国家网信部门协调有关部门建立健全网络安全风险评估和应急工作机制，制定网络安全事件应急预案，并定期组织演练。

负责关键信息基础设施安全保护工作的部门应当制定本行业、本领域的网络安全事件应急预案，并定期组织演练。

网络安全事件应急预案应当按照事件发生后的危害程度、影响范围等因素对网络安全事件进行分级，并规定相应的应急处置措施。

第五十四条 网络安全事件发生的风险增大时，省级以上人民政府有关部门应当按照规定的权限和程序，并根据网络安全风险的特点和可能造成的危害，采取下列措施：

（一）要求有关部门、机构和人员及时收集、报告有关信息，加强对网络安全风险的监测；

（二）组织有关部门、机构和专业人员，对网络安全风险信息进行分析评估，预测事件发生的可能性、影响范围和危害程度；

（三）向社会发布网络安全风险预警，发布避免、减轻危害的措施。

第五十五条　发生网络安全事件，应当立即启动网络安全事件应急预案，对网络安全事件进行调查和评估，要求网络运营者采取技术措施和其他必要措施，消除安全隐患，防止危害扩大，并及时向社会发布与公众有关的警示信息。

第五十六条　省级以上人民政府有关部门在履行网络安全监督管理职责中，发现网络存在较大安全风险或者发生安全事件的，可以按照规定的权限和程序对该网络的运营者的法定代表人或者主要负责人进行约谈。网络运营者应当按照要求采取措施，进行整改，消除隐患。

第五十七条　因网络安全事件，发生突发事件或者生产安全事故的，应当依照《中华人民共和国突发事件应对法》、《中华人民共和国安全生产法》等有关法律、行政法规的规定处置。

第五十八条　因维护国家安全和社会公共秩序，处置重大突发社会安全事件的需要，经国务院决定或者批准，可以在特定区域对网络通信采取限制等临时措施。

第六章　法律责任

第五十九条　网络运营者不履行本法第二十一条、第二十五条规定的网络安全保护义务的，由有关主管部门责令改正，给予警告；拒不改正或者导致危害网络安全等后果的，处一万元以上十万元以下罚款，对直接负责的主管人员处五千元以上五万元以下罚款。

关键信息基础设施的运营者不履行本法第三十三条、第三十四条、第三十六条、第三十八条规定的网络安全保护义务的，由有关主管部门责令改正，给予警告；拒不改正或者导致危害网络安全等后果的，处十万元以上一百万元以下罚款，对直接负责的主管人员处一万元以上十万元以下罚款。

第六十条　违反本法第二十二条第一款、第二款和第四十八条第一款规定，有下列行为之一的，由有关主管部门责令改正，给予警告；拒不改正或者导致危害网络安全等后果的，处五万元以上五十万元以下罚款，对直接负责的主管人员处一万元以上十万元以下罚款：

（一）设置恶意程序的；

（二）对其产品、服务存在的安全缺陷、漏洞等风险未立即采取补救措施，或者未按照规定及时告知用户并向有关主管部门报告的；

（三）擅自终止为其产品、服务提供安全维护的。

第六十一条　网络运营者违反本法第二十四条第一款规定，未要求用户提供真实身份信息，或者对不提供真实身份信息的用户提供相关服务的，由有关主管部门责令改正；拒不改正或者情节严重的，处五万元以上五十万元以下罚款，并可以由有关主管部门责令暂停相关业务、停业整顿、关闭网站、吊销相关业务许可证或者吊销营业执照，对直接负责的主管人员和其他直接责任人员处一万元以上十万元以下罚款。

第六十二条　违反本法第二十六条规定，开展网络安全认证、检测、风险评估等活动，或者向社会发布系统漏洞、计算机病毒、网络攻击、网络侵入等网络安全信息的，由有关主管部门责令改正，给予警告；拒不改正或者情节严重的，处一万元以上十万元以下罚款，并可以由有关主管部门责令暂停相关业务、停业整顿、关闭网站、吊销相关业务许可证或者吊销营业执照，对直接负责的主管人员和其他直接责任人员处五千元以上五万元以下罚款。

第六十三条　违反本法第二十七条规定，从事危害网络安全的活动，或者提供专门用于从事危害网络安全活动的程序、工具，或者为他人从事危害网络安全的活动提供技术支持、广告推广、支付结算等帮助，尚不构成犯罪的，由公安机关没收违法所得，处五日以下拘留，可以并处五万元以上五十万元以下罚款；情节较重的，处五日以上十五日以下拘留，可以并处十万元以上一百万元以下罚款。

单位有前款行为的，由公安机关没收违法所得，处十万元以上一百万元以下罚款，并对直接负责的主管人员和其他直接责任人员依照前款规定处罚。

违反本法第二十七条规定，受到治安管理处罚的人员，五年内不得从事网络安全管理和网络运营关键岗位的工作；受到刑事处罚的人员，终身不得从事网络安全管理和网络运营关键岗位的工作。

第六十四条 网络运营者、网络产品或者服务的提供者违反本法第二十二条第三款、第四十一条至第四十三条规定，侵害个人信息依法得到保护的权利的，由有关主管部门责令改正，可以根据情节单处或者并处警告、没收违法所得、处违法所得一倍以上十倍以下罚款，没有违法所得的，处一百万元以下罚款，对直接负责的主管人员和其他直接责任人员处一万元以上十万元以下罚款；情节严重的，并可以责令暂停相关业务、停业整顿、关闭网站、吊销相关业务许可证或者吊销营业执照。

违反本法第四十四条规定，窃取或者以其他非法方式获取、非法出售或者非法向他人提供个人信息，尚不构成犯罪的，由公安机关没收违法所得，并处违法所得一倍以上十倍以下罚款，没有违法所得的，处一百万元以下罚款。

第六十五条 关键信息基础设施的运营者违反本法第三十五条规定，使用未经安全审查或者安全审查未通过的网络产品或者服务的，由有关主管部门责令停止使用，处采购金额一倍以上十倍以下罚款；对直接负责的主管人员和其他直接责任人员处一万元以上十万元以下罚款。

第六十六条 关键信息基础设施的运营者违反本法第三十七条规定，在境外存储网络数据，或者向境外提供网络数据的，由有关主管部门责令改正，给予警告，没收违法所得，处五万元以上五十万元以下罚款，并可以责令暂停相关业务、停业整顿、关闭网站、吊销相关业务许可证或者吊销营业执照；对直接负责的主管人员和其他直接责任人员处一万元以上十万元以下罚款。

第六十七条 违反本法第四十六条规定，设立用于实施违法犯罪活动的网站、通讯群组，或者利用网络发布涉及实施违法犯罪活动的信息，尚不构成犯罪的，由公安机关处五日以下拘留，可以并处一万元以上十万元以下罚款；情节较重的，处五日以上十五日以下拘留，可以并处五万元以上五十万元以下罚款。关闭用于实施违法犯罪活动的网站、通讯群组。

单位有前款行为的，由公安机关处十万元以上五十万元以下罚款，并对直接负责的主管人员和其他直接责任人员依照前款规定处罚。

第六十八条 网络运营者违反本法第四十七条规定，对法律、行政法规禁止发布或者传输的信息未停止传输、采取消除等处置措施、保存有关记录的，由有关主管部门责令改正，给予警告，没收违法所得；拒不改正或者情节严重的，处十万元以上五十万元以下罚款，并可以责令暂停相关业务、停业整顿、关闭网站、吊销相关业务许可证或者吊销营业执照，对直接负责的主管人员和其他直接责任人员处一万元以上十万元以下罚款。

电子信息发送服务提供者、应用软件下载服务提供者，不履行本法第四十八条第二款规定的安全管理义务的，依照前款规定处罚。

第六十九条 网络运营者违反本法规定，有下列行为之一的，由有关主管部门责令改正；拒不改正或者情节严重的，处五万元以上五十万元以下罚款，对直接负责的主管人员和其他直接责任人员，处一万元以上十万元以下罚款：

（一）不按照有关部门的要求对法律、行政法规禁止发布或者传输的信息，采取停止传输、消除等处置措施的；

（二）拒绝、阻碍有关部门依法实施的监督检查的；

（三）拒不向公安机关、国家安全机关提供技术支持和协助的。

第七十条 发布或者传输本法第十二条第二款和其他法律、行政法规禁止发布或者传输的信息的，依照有关法律、行政法规的规定处罚。

第七十一条 有本法规定的违法行为的，依照有关法律、行政法规的规定记入信用档案，并予以公示。

第七十二条 国家机关政务网络的运营者不履行本法规定的网络安全保护义务的，由其上级机关或者有关机关责令改正；对直接负责的主管人员和其他直接责任人员依法给予处分。

第七十三条 网信部门和有关部门违反本法第三十条规定，将在履行网络安全保护职责中获取的信息用于其他用途的，对直接负责的主管人员和其他直接责任人员依法给予处分。

网信部门和有关部门的工作人员玩忽职守、滥用职权、徇私舞弊，尚不构成犯罪的，依法给予处分。

第七十四条 违反本法规定，给他人造成损害的，依法承担民事责任。

违反本法规定，构成违反治安管理行为的，依法给予治安管理处罚；构成犯罪的，依法追究刑事责任。

第七十五条 境外的机构、组织、个人从事攻击、侵入、干扰、破坏等危害中华人民共和国的关键信息基础设施的活动，造成严重后果的，依法追究法律责任；国务院公安部门和有关部门并可以决定对该机构、组织、个人采取冻结财产或者其他必要的制裁措施。

第七章　附　则

第七十六条　本法下列用语的含义：

（一）网络，是指由计算机或者其他信息终端及相关设备组成的按照一定的规则和程序对信息进行收集、存储、传输、交换、处理的系统。

（二）网络安全，是指通过采取必要措施，防范对网络的攻击、侵入、干扰、破坏和非法使用以及意外事故，使网络处于稳定可靠运行的状态，以及保障网络数据的完整性、保密性、可用性的能力。

（三）网络运营者，是指网络的所有者、管理者和网络服务提供者。

（四）网络数据，是指通过网络收集、存储、传输、处理和产生的各种电子数据。

（五）个人信息，是指以电子或者其他方式记录的能够单独或者与其他信息结合识别自然人个人身份的各种信息，包括但不限于自然人的姓名、出生日期、身份证件号码、个人生物识别信息、住址、电话号码等。

第七十七条　存储、处理涉及国家秘密信息的网络的运行安全保护，除应当遵守本法外，还应当遵守保密法律、行政法规的规定。

第七十八条　军事网络的安全保护，由中央军事委员会另行规定。

第七十九条　本法自2017年6月1日起施行。

中华人民共和国密码法

（2019年10月26日第十三届全国人民代表大会常务委员会第十四次会议通过）

第一章 总　则

第一条　为了规范密码应用和管理，促进密码事业发展，保障网络与信息安全，维护国家安全和社会公共利益，保护公民、法人和其他组织的合法权益，制定本法。

第二条　本法所称密码，是指采用特定变换的方法对信息等进行加密保护、安全认证的技术、产品和服务。

第三条　密码工作坚持总体国家安全观，遵循统一领导、分级负责，创新发展、服务大局，依法管理、保障安全的原则。

第四条　坚持中国共产党对密码工作的领导。中央密码工作领导机构对全国密码工作实行统一领导，制定国家密码工作重大方针政策，统筹协调国家密码重大事项和重要工作，推进国家密码法治建设。

第五条　国家密码管理部门负责管理全国的密码工作。县级以上地方各级密码管理部门负责管理本行政区域的密码工作。

国家机关和涉及密码工作的单位在其职责范围内负责本机关、本单位或者本系统的密码工作。

第六条　国家对密码实行分类管理。

密码分为核心密码、普通密码和商用密码。

第七条　核心密码、普通密码用于保护国家秘密信息，核心密码保护信息的最高密级为绝密级，普通密码保护信息的最高密级为机密级。

核心密码、普通密码属于国家秘密。密码管理部门依照本法和有关法律、行政法规、国家有关规定对核心密码、普通密码实行严格统一管理。

第八条　商用密码用于保护不属于国家秘密的信息。

公民、法人和其他组织可以依法使用商用密码保护网络与信息安全。

第九条 国家鼓励和支持密码科学技术研究和应用，依法保护密码领域的知识产权，促进密码科学技术进步和创新。

国家加强密码人才培养和队伍建设，对在密码工作中作出突出贡献的组织和个人，按照国家有关规定给予表彰和奖励。

第十条 国家采取多种形式加强密码安全教育，将密码安全教育纳入国民教育体系和公务员教育培训体系，增强公民、法人和其他组织的密码安全意识。

第十一条 县级以上人民政府应当将密码工作纳入本级国民经济和社会发展规划，所需经费列入本级财政预算。

第十二条 任何组织或者个人不得窃取他人加密保护的信息或者非法侵入他人的密码保障系统。

任何组织或者个人不得利用密码从事危害国家安全、社会公共利益、他人合法权益等违法犯罪活动。

第二章 核心密码、普通密码

第十三条 国家加强核心密码、普通密码的科学规划、管理和使用，加强制度建设，完善管理措施，增强密码安全保障能力。

第十四条 在有线、无线通信中传递的国家秘密信息，以及存储、处理国家秘密信息的信息系统，应当依照法律、行政法规和国家有关规定使用核心密码、普通密码进行加密保护、安全认证。

第十五条 从事核心密码、普通密码科研、生产、服务、检测、装备、使用和销毁等工作的机构（以下统称密码工作机构）应当按照法律、行政法规、国家有关规定以及核心密码、普通密码标准的要求，建立健全安全管理制度，采取严格的保密措施和保密责任制，确保核心密码、普通密码的安全。

第十六条 密码管理部门依法对密码工作机构的核心密码、普通密码工作进行指导、监督和检查，密码工作机构应当配合。

第十七条 密码管理部门根据工作需要会同有关部门建立核心密码、普通密码的安全监测预警、安全风险评估、信息通报、重大事项会商和应急处置等协作机制，确保核心密码、普通密码安全管理的协同联动和有序高效。

密码工作机构发现核心密码、普通密码泄密或者影响核心密码、普通密码安全的重大问题、风险隐患的，应当立即采取应对措施，并及时向保密行政管理部门、密码管理部门报告，由保密行政管理部门、密码管理部门会同有关部门组织开展调查、处置，并指导有关密码工作机构及时消除安全隐患。

第十八条 国家加强密码工作机构建设，保障其履行工作职责。

国家建立适应核心密码、普通密码工作需要的人员录用、选调、保密、考核、培训、待遇、奖惩、交流、退出等管理制度。

第十九条 密码管理部门因工作需要，按照国家有关规定，可以提请公安、交通运输、海关等部门对核心密码、普通密码有关物品和人员提供免检等便利，有关部门应当予以协助。

第二十条 密码管理部门和密码工作机构应当建立健全严格的监督和安全审查制度，对其工作人员遵守法律和纪律等情况进行监督，并依法采取必要措施，定期或者不定期组织开展安全审查。

第三章 商用密码

第二十一条 国家鼓励商用密码技术的研究开发、学术交流、成果转化和推广应用，健全统一、开放、竞争、有序的商用密码市场体系，鼓励和促进商用密码产业发展。

各级人民政府及其有关部门应当遵循非歧视原则，依法平等对待包括外商投资企业在内的商用密码科研、生产、销售、服务、进出口等单位（以下统称商用密码从业单位）。国家鼓励在外商投资过程中基于自愿原则和商业规则开展商用密码技术合作。行政机关及其工作人员不得利用行政手段强制转让商用密码技术。

商用密码的科研、生产、销售、服务和进出口，不得损害国家安全、社会公共利益或者他人合法权益。

第二十二条 国家建立和完善商用密码标准体系。

国务院标准化行政主管部门和国家密码管理部门依据各自职责，组织制定商用密码国家标准、行业标准。

国家支持社会团体、企业利用自主创新技术制定高于国家标准、行业标准相关技术要求的商用密码团体标准、企业标准。

第二十三条 国家推动参与商用密码国际标准化活动，参与制定商用密码国际标准，推进商用密码中国标准与国外标准之间的转化运用。

国家鼓励企业、社会团体和教育、科研机构等参与商用密码国际标准化活动。

第二十四条 商用密码从业单位开展商用密码活动，应当符合有关法律、行政法规、商用密码强制性国家标准以及该从业单位公开标准的技术要求。

国家鼓励商用密码从业单位采用商用密码推荐性国家标准、行业标准，提升商用密码的防护能力，维护用户的合法权益。

第二十五条 国家推进商用密码检测认证体系建设，制定商用密码检测认证技术规范、规则，鼓励商用密码从业单位自愿接受商用密码检测认证，提升市场竞争力。

商用密码检测、认证机构应当依法取得相关资质，并依照法律、行政法规的规定和商用密码检测认证技术规范、规则开展商用密码检测认证。

商用密码检测、认证机构应当对其在商用密码检测认证中所知悉的国家秘密和商业秘密承担保密义务。

第二十六条 涉及国家安全、国计民生、社会公共利益的商用密码产品，应当依法列入网络关键设备和网络安全专用产品目录，由具备资格的机构检测认证合格后，方可销售或者提供。商用密码产品检测认证适用《中华人民共和国网络安全法》的有关规定，避免重复检测认证。

商用密码服务使用网络关键设备和网络安全专用产品的，应当经商用密码认证机构对该商用密码服务认证合格。

第二十七条 法律、行政法规和国家有关规定要求使用商用密码进行保护的关键信息基础设施，其运营者应当使用商用密码进行保护，自行或者委托商用密码检测机构开展商用密码应用安全性评估。商用密码应用安全性评估应当与关键信息基础设施安全检测评估、网络安全等级测评制度相衔接，避免重复评估、测评。

关键信息基础设施的运营者采购涉及商用密码的网络产品和服务，可能影响国家安全的，应当按照《中华人民共和国网络安全法》的规定，通过国家网信部门会同国家密码管理部门等有关部门组织的国家安全审查。

第二十八条　国务院商务主管部门、国家密码管理部门依法对涉及国家安全、社会公共利益且具有加密保护功能的商用密码实施进口许可，对涉及国家安全、社会公共利益或者中国承担国际义务的商用密码实施出口管制。商用密码进口许可清单和出口管制清单由国务院商务主管部门会同国家密码管理部门和海关总署制定并公布。

大众消费类产品所采用的商用密码不实行进口许可和出口管制制度。

第二十九条　国家密码管理部门对采用商用密码技术从事电子政务电子认证服务的机构进行认定，会同有关部门负责政务活动中使用电子签名、数据电文的管理。

第三十条　商用密码领域的行业协会等组织依照法律、行政法规及其章程的规定，为商用密码从业单位提供信息、技术、培训等服务，引导和督促商用密码从业单位依法开展商用密码活动，加强行业自律，推动行业诚信建设，促进行业健康发展。

第三十一条　密码管理部门和有关部门建立日常监管和随机抽查相结合的商用密码事中事后监管制度，建立统一的商用密码监督管理信息平台，推进事中事后监管与社会信用体系相衔接，强化商用密码从业单位自律和社会监督。

密码管理部门和有关部门及其工作人员不得要求商用密码从业单位和商用密码检测、认证机构向其披露源代码等密码相关专有信息，并对其在履行职责中知悉的商业秘密和个人隐私严格保密，不得泄露或者非法向他人提供。

第四章　法律责任

第三十二条　违反本法第十二条规定，窃取他人加密保护的信息，非法侵入他人的密码保障系统，或者利用密码从事危害国家安全、社会公共利益、他人合法权益等违法活动的，由有关部门依照《中华人民共和国网络安全法》和其他有关法律、行政法规的规定追究法律责任。

第三十三条　违反本法第十四条规定，未按照要求使用核心密码、普通密码的，由密码管理部门责令改正或者停止违法行为，给予警告；情节严重的，由密码管理部门建议有关国家机关、单位对直接负责的主管人员和其他直接责任人员依法给予处分或者处理。

第三十四条　违反本法规定，发生核心密码、普通密码泄密案件的，由保密行政管理部门、密码管理部门建议有关国家机关、单位对直接负责的主管人员和其他直接责任人员依法给予处分或者处理。

违反本法第十七条第二款规定，发现核心密码、普通密码泄密或者影响核心密码、普通密码安全的重大问题、风险隐患，未立即采取应对措施，或者未及时报告的，由保密行政管理部门、密码管理部门建议有关国家机关、单位对直接负责的主管人员和其他直接责任人员依法给予处分或者处理。

第三十五条　商用密码检测、认证机构违反本法第二十五条第二款、第三款规定开展商用密码检测认证的，由市场监督管理部门会同密码管理部门责令改正或者停止违法行为，给予警告，没收违法所得；违法所得三十万元以上的，可以并处违法所得一倍以上三倍以下罚款；没有违法所得或者违法所得不足三十万元的，可以并处十万元以上三十万元以下罚款；情节严重的，依法吊销相关资质。

第三十六条　违反本法第二十六条规定，销售或者提供未经检测认证或者检测认证不合格的商用密码产品，或者提供未经认证或者认证不合格的商用密码服务的，由市场监督管理部门会同密码管理部门责令改正或者停止违法行为，给予警告，没收违法产品和违法所得；违法所得十万元以上的，可以并处违法所得一倍以上三倍以下罚款；没有违法所得或者违法所得不足十万元的，可以并处三万元以上十万元以下罚款。

第三十七条　关键信息基础设施的运营者违反本法第二十七条第一款规定，未按照要求使用商用密码，或者未按照要求开展商用密码应用安全性评估的，由密码管理部门责令改正，给予警告；拒不改正或者导致危害网络安全等后果的，处十万元以上一百万元以下罚款，对直接负责的主管人员处一万元以上十万元以下罚款。

关键信息基础设施的运营者违反本法第二十七条第二款规定，使用未经安全审查或者安全审查未通过的产品或者服务的,由有关主管部门责令停止使用,处采购金额一倍以上十倍以下罚款;对直接负责的主管人员和其他直接责任人员处一万元以上十万元以下罚款。

第三十八条　违反本法第二十八条实施进口许可、出口管制的规定,进出口商用密码的,由国务院商务主管部门或者海关依法予以处罚。

第三十九条　违反本法第二十九条规定,未经认定从事电子政务电子认证服务的,由密码管理部门责令改正或者停止违法行为,给予警告,没收违法产品和违法所得;违法所得三十万元以上的,可以并处违法所得一倍以上三倍以下罚款;没有违法所得或者违法所得不足三十万元的,可以并处十万元以上三十万元以下罚款。

第四十条　密码管理部门和有关部门、单位的工作人员在密码工作中滥用职权、玩忽职守、徇私舞弊,或者泄露、非法向他人提供在履行职责中知悉的商业秘密和个人隐私的,依法给予处分。

第四十一条　违反本法规定,构成犯罪的,依法追究刑事责任;给他人造成损害的,依法承担民事责任。

第五章　附　则

第四十二条　国家密码管理部门依照法律、行政法规的规定,制定密码管理规章。

第四十三条　中国人民解放军和中国人民武装警察部队的密码工作管理办法,由中央军事委员会根据本法制定。

第四十四条　本法自2020年1月1日起施行。

中华人民共和国数据安全法

（2021年6月10日第十三届全国人民代表大会常务委员会第二十九次会议通过）

第一章 总 则

第一条 为了规范数据处理活动，保障数据安全，促进数据开发利用，保护个人、组织的合法权益，维护国家主权、安全和发展利益，制定本法。

第二条 在中华人民共和国境内开展数据处理活动及其安全监管，适用本法。

在中华人民共和国境外开展数据处理活动，损害中华人民共和国国家安全、公共利益或者公民、组织合法权益的，依法追究法律责任。

第三条 本法所称数据，是指任何以电子或者其他方式对信息的记录。

数据处理，包括数据的收集、存储、使用、加工、传输、提供、公开等。

数据安全，是指通过采取必要措施，确保数据处于有效保护和合法利用的状态，以及具备保障持续安全状态的能力。

第四条 维护数据安全，应当坚持总体国家安全观，建立健全数据安全治理体系，提高数据安全保障能力。

第五条 中央国家安全领导机构负责国家数据安全工作的决策和议事协调，研究制定、指导实施国家数据安全战略和有关重大方针政策，统筹协调国家数据安全的重大事项和重要工作，建立国家数据安全工作协调机制。

第六条 各地区、各部门对本地区、本部门工作中收集和产生的数据及数据安全负责。

工业、电信、交通、金融、自然资源、卫生健康、教育、科技等主管部门承担本行业、本领域数据安全监管职责。

公安机关、国家安全机关等依照本法和有关法律、行政法规的规定，在各自职责范围内承担数据安全监管职责。

国家网信部门依照本法和有关法律、行政法规的规定，负责统筹协调网络数据安全和相关监管工作。

第七条 国家保护个人、组织与数据有关的权益，鼓励数据依法合理有效利用，保障数据依法有序自由流动，促进以数据为关键要素的数字经济发展。

第八条 开展数据处理活动，应当遵守法律、法规，尊重社会公德和伦理，遵守商业道德和职业道德，诚实守信，履行数据安全保护义务，承担社会责任，不得危害国家安全、公共利益，不得损害个人、组织的合法权益。

第九条 国家支持开展数据安全知识宣传普及，提高全社会的数据安全保护意识和水平，推动有关部门、行业组织、科研机构、企业、个人等共同参与数据安全保护工作，形成全社会共同维护数据安全和促进发展的良好环境。

第十条 相关行业组织按照章程，依法制定数据安全行为规范和团体标准，加强行业自律，指导会员加强数据安全保护，提高数据安全保护水平，促进行业健康发展。

第十一条 国家积极开展数据安全治理、数据开发利用等领域的国际交流与合作，参与数据安全相关国际规则和标准的制定，促进数据跨境安全、自由流动。

第十二条 任何个人、组织都有权对违反本法规定的行为向有关主管部门投诉、举报。收到投诉、举报的部门应当及时依法处理。

有关主管部门应当对投诉、举报人的相关信息予以保密，保护投诉、举报人的合法权益。

第二章 数据安全与发展

第十三条 国家统筹发展和安全，坚持以数据开发利用和产业发展促进数据安全，以数据安全保障数据开发利用和产业发展。

第十四条 国家实施大数据战略，推进数据基础设施建设，鼓励和支持数据在各行业、各领域的创新应用。

省级以上人民政府应当将数字经济发展纳入本级国民经济和社会发展规划，并根据需要制定数字经济发展规划。

第十五条 国家支持开发利用数据提升公共服务的智能化水平。提供智能化公共服务，应当充分考虑老年人、残疾人的需求，避免对老年人、残疾人的日常生活造成障碍。

第十六条　国家支持数据开发利用和数据安全技术研究，鼓励数据开发利用和数据安全等领域的技术推广和商业创新，培育、发展数据开发利用和数据安全产品、产业体系。

第十七条　国家推进数据开发利用技术和数据安全标准体系建设。国务院标准化行政主管部门和国务院有关部门根据各自的职责，组织制定并适时修订有关数据开发利用技术、产品和数据安全相关标准。国家支持企业、社会团体和教育、科研机构等参与标准制定。

第十八条　国家促进数据安全检测评估、认证等服务的发展，支持数据安全检测评估、认证等专业机构依法开展服务活动。

国家支持有关部门、行业组织、企业、教育和科研机构、有关专业机构等在数据安全风险评估、防范、处置等方面开展协作。

第十九条　国家建立健全数据交易管理制度，规范数据交易行为，培育数据交易市场。

第二十条　国家支持教育、科研机构和企业等开展数据开发利用技术和数据安全相关教育和培训，采取多种方式培养数据开发利用技术和数据安全专业人才，促进人才交流。

第三章　数据安全制度

第二十一条　国家建立数据分类分级保护制度，根据数据在经济社会发展中的重要程度，以及一旦遭到篡改、破坏、泄露或者非法获取、非法利用，对国家安全、公共利益或者个人、组织合法权益造成的危害程度，对数据实行分类分级保护。国家数据安全工作协调机制统筹协调有关部门制定重要数据目录，加强对重要数据的保护。

关系国家安全、国民经济命脉、重要民生、重大公共利益等数据属于国家核心数据，实行更加严格的管理制度。

各地区、各部门应当按照数据分类分级保护制度，确定本地区、本部门以及相关行业、领域的重要数据具体目录，对列入目录的数据进行重点保护。

第二十二条　国家建立集中统一、高效权威的数据安全风险评估、报告、信息共享、监测预警机制。国家数据安全工作协调机制统筹协调有关部门加强数据安全风险信息的获取、分析、研判、预警工作。

第二十三条　国家建立数据安全应急处置机制。发生数据安全事件，有关主管部门应当依法启动应急预案，采取相应的应急处置措施，防止危害扩大，消除安全隐患，并及时向社会发布与公众有关的警示信息。

第二十四条　国家建立数据安全审查制度，对影响或者可能影响国家安全的数据处理活动进行国家安全审查。

依法作出的安全审查决定为最终决定。

第二十五条　国家对与维护国家安全和利益、履行国际义务相关的属于管制物项的数据依法实施出口管制。

第二十六条　任何国家或者地区在与数据和数据开发利用技术等有关的投资、贸易等方面对中华人民共和国采取歧视性的禁止、限制或者其他类似措施的，中华人民共和国可以根据实际情况对该国家或者地区对等采取措施。

第四章　数据安全保护义务

第二十七条　开展数据处理活动应当依照法律、法规的规定，建立健全全流程数据安全管理制度，组织开展数据安全教育培训，采取相应的技术措施和其他必要措施，保障数据安全。利用互联网等信息网络开展数据处理活动，应当在网络安全等级保护制度的基础上，履行上述数据安全保护义务。

重要数据的处理者应当明确数据安全负责人和管理机构，落实数据安全保护责任。

第二十八条　开展数据处理活动以及研究开发数据新技术，应当有利于促进经济社会发展，增进人民福祉，符合社会公德和伦理。

第二十九条　开展数据处理活动应当加强风险监测，发现数据安全缺陷、漏洞等风险时，应当立即采取补救措施；发生数据安全事件时，应当立即采取处置措施，按照规定及时告知用户并向有关主管部门报告。

第三十条　重要数据的处理者应当按照规定对其数据处理活动定期开展风

险评估，并向有关主管部门报送风险评估报告。

风险评估报告应当包括处理的重要数据的种类、数量，开展数据处理活动的情况，面临的数据安全风险及其应对措施等。

第三十一条　关键信息基础设施的运营者在中华人民共和国境内运营中收集和产生的重要数据的出境安全管理，适用《中华人民共和国网络安全法》的规定；其他数据处理者在中华人民共和国境内运营中收集和产生的重要数据的出境安全管理办法，由国家网信部门会同国务院有关部门制定。

第三十二条　任何组织、个人收集数据，应当采取合法、正当的方式，不得窃取或者以其他非法方式获取数据。

法律、行政法规对收集、使用数据的目的、范围有规定的，应当在法律、行政法规规定的目的和范围内收集、使用数据。

第三十三条　从事数据交易中介服务的机构提供服务，应当要求数据提供方说明数据来源，审核交易双方的身份，并留存审核、交易记录。

第三十四条　法律、行政法规规定提供数据处理相关服务应当取得行政许可的，服务提供者应当依法取得许可。

第三十五条　公安机关、国家安全机关因依法维护国家安全或者侦查犯罪的需要调取数据，应当按照国家有关规定，经过严格的批准手续，依法进行，有关组织、个人应当予以配合。

第三十六条　中华人民共和国主管机关根据有关法律和中华人民共和国缔结或者参加的国际条约、协定，或者按照平等互惠原则，处理外国司法或者执法机构关于提供数据的请求。非经中华人民共和国主管机关批准，境内的组织、个人不得向外国司法或者执法机构提供存储于中华人民共和国境内的数据。

第五章　政务数据安全与开放

第三十七条　国家大力推进电子政务建设，提高政务数据的科学性、准确性、时效性，提升运用数据服务经济社会发展的能力。

第三十八条　国家机关为履行法定职责的需要收集、使用数据，应当在其履行法定职责的范围内依照法律、行政法规规定的条件和程序进行；对在履行职责中知悉的个人隐私、个人信息、商业秘密、保密商务信息等数据应当依法予以保密，不得泄露或者非法向他人提供。

第三十九条　国家机关应当依照法律、行政法规的规定，建立健全数据安全管理制度，落实数据安全保护责任，保障政务数据安全。

第四十条　国家机关委托他人建设、维护电子政务系统，存储、加工政务数据，应当经过严格的批准程序，并应当监督受托方履行相应的数据安全保护义务。受托方应当依照法律、法规的规定和合同约定履行数据安全保护义务，不得擅自留存、使用、泄露或者向他人提供政务数据。

第四十一条　国家机关应当遵循公正、公平、便民的原则，按照规定及时、准确地公开政务数据。依法不予公开的除外。

第四十二条　国家制定政务数据开放目录，构建统一规范、互联互通、安全可控的政务数据开放平台，推动政务数据开放利用。

第四十三条　法律、法规授权的具有管理公共事务职能的组织为履行法定职责开展数据处理活动，适用本章规定。

第六章　法律责任

第四十四条　有关主管部门在履行数据安全监管职责中，发现数据处理活动存在较大安全风险的，可以按照规定的权限和程序对有关组织、个人进行约谈，并要求有关组织、个人采取措施进行整改，消除隐患。

第四十五条　开展数据处理活动的组织、个人不履行本法第二十七条、第二十九条、第三十条规定的数据安全保护义务的，由有关主管部门责令改正，给予警告，可以并处五万元以上五十万元以下罚款，对直接负责的主管人员和其他直接责任人员可以处一万元以上十万元以下罚款；拒不改正或者造成大量数据泄露等严重后果的，处五十万元以上二百万元以下罚款，并可以责令暂停相关业务、停业整顿、吊销相关业务许可证或者吊销营业执照，对直接负责的主管人员和其他直接责任人员处五万元以上二十万元以下罚款。

违反国家核心数据管理制度，危害国家主权、安全和发展利益的，由有关主管部门处二百万元以上一千万元以下罚款，并根据情况责令暂停相关业务、停业整顿、吊销相关业务许可证或者吊销营业执照；构成犯罪的，依法追究刑事责任。

第四十六条 违反本法第三十一条规定，向境外提供重要数据的，由有关主管部门责令改正，给予警告，可以并处十万元以上一百万元以下罚款，对直接负责的主管人员和其他直接责任人员可以处一万元以上十万元以下罚款；情节严重的，处一百万元以上一千万元以下罚款，并可以责令暂停相关业务、停业整顿、吊销相关业务许可证或者吊销营业执照，对直接负责的主管人员和其他直接责任人员处十万元以上一百万元以下罚款。

第四十七条 从事数据交易中介服务的机构未履行本法第三十三条规定的义务的，由有关主管部门责令改正，没收违法所得，处违法所得一倍以上十倍以下罚款，没有违法所得或者违法所得不足十万元的，处十万元以上一百万元以下罚款，并可以责令暂停相关业务、停业整顿、吊销相关业务许可证或者吊销营业执照；对直接负责的主管人员和其他直接责任人员处一万元以上十万元以下罚款。

第四十八条 违反本法第三十五条规定，拒不配合数据调取的，由有关主管部门责令改正，给予警告，并处五万元以上五十万元以下罚款，对直接负责的主管人员和其他直接责任人员处一万元以上十万元以下罚款。

违反本法第三十六条规定，未经主管机关批准向外国司法或者执法机构提供数据的，由有关主管部门给予警告，可以并处十万元以上一百万元以下罚款，对直接负责的主管人员和其他直接责任人员可以处一万元以上十万元以下罚款；造成严重后果的，处一百万元以上五百万元以下罚款，并可以责令暂停相关业务、停业整顿、吊销相关业务许可证或者吊销营业执照，对直接负责的主管人员和其他直接责任人员处五万元以上五十万元以下罚款。

第四十九条 国家机关不履行本法规定的数据安全保护义务的，对直接负责的主管人员和其他直接责任人员依法给予处分。

第五十条 履行数据安全监管职责的国家工作人员玩忽职守、滥用职权、徇私舞弊的，依法给予处分。

第五十一条 窃取或者以其他非法方式获取数据，开展数据处理活动排除、限制竞争，或者损害个人、组织合法权益的，依照有关法律、行政法规的规定处罚。

第五十二条 违反本法规定，给他人造成损害的，依法承担民事责任。

违反本法规定，构成违反治安管理行为的，依法给予治安管理处罚；构成犯罪的，依法追究刑事责任。

第七章 附 则

第五十三条 开展涉及国家秘密的数据处理活动，适用《中华人民共和国保守国家秘密法》等法律、行政法规的规定。

在统计、档案工作中开展数据处理活动，开展涉及个人信息的数据处理活动，还应当遵守有关法律、行政法规的规定。

第五十四条 军事数据安全保护的办法，由中央军事委员会依据本法另行制定。

第五十五条 本法自2021年9月1日起施行。

中华人民共和国个人信息保护法

（2021年8月20日第十三届全国人民代表大会常务委员会第三十次会议通过）

第一章 总 则

第一条 为了保护个人信息权益，规范个人信息处理活动，促进个人信息合理利用，根据宪法，制定本法。

第二条 自然人的个人信息受法律保护，任何组织、个人不得侵害自然人的个人信息权益。

第三条 在中华人民共和国境内处理自然人个人信息的活动，适用本法。

在中华人民共和国境外处理中华人民共和国境内自然人个人信息的活动，有下列情形之一的，也适用本法：

（一）以向境内自然人提供产品或者服务为目的；

（二）分析、评估境内自然人的行为；

（三）法律、行政法规规定的其他情形。

第四条 个人信息是以电子或者其他方式记录的与已识别或者可识别的自然人有关的各种信息，不包括匿名化处理后的信息。

个人信息的处理包括个人信息的收集、存储、使用、加工、传输、提供、公开、删除等。

第五条 处理个人信息应当遵循合法、正当、必要和诚信原则，不得通过误导、欺诈、胁迫等方式处理个人信息。

第六条 处理个人信息应当具有明确、合理的目的，并应当与处理目的直接相关，采取对个人权益影响最小的方式。

收集个人信息，应当限于实现处理目的的最小范围，不得过度收集个人信息。

第七条 处理个人信息应当遵循公开、透明原则，公开个人信息处理规则，明示处理的目的、方式和范围。

第八条 处理个人信息应当保证个人信息的质量，避免因个人信息不准确、不完整对个人权益造成不利影响。

第九条 个人信息处理者应当对其个人信息处理活动负责，并采取必要措施保障所处理的个人信息的安全。

第十条 任何组织、个人不得非法收集、使用、加工、传输他人个人信息，不得非法买卖、提供或者公开他人个人信息；不得从事危害国家安全、公共利益的个人信息处理活动。

第十一条 国家建立健全个人信息保护制度，预防和惩治侵害个人信息权益的行为，加强个人信息保护宣传教育，推动形成政府、企业、相关社会组织、公众共同参与个人信息保护的良好环境。

第十二条 国家积极参与个人信息保护国际规则的制定，促进个人信息保护方面的国际交流与合作，推动与其他国家、地区、国际组织之间的个人信息保护规则、标准等互认。

第二章　个人信息处理规则

第一节　一般规定

第十三条 符合下列情形之一的，个人信息处理者方可处理个人信息：

（一）取得个人的同意；

（二）为订立、履行个人作为一方当事人的合同所必需，或者按照依法制定的劳动规章制度和依法签订的集体合同实施人力资源管理所必需；

（三）为履行法定职责或者法定义务所必需；

（四）为应对突发公共卫生事件，或者紧急情况下为保护自然人的生命健康和财产安全所必需；

（五）为公共利益实施新闻报道、舆论监督等行为，在合理的范围内处理个人信息；

（六）依照本法规定在合理的范围内处理个人自行公开或者其他已经合法公开的个人信息；

（七）法律、行政法规规定的其他情形。

依照本法其他有关规定，处理个人信息应当取得个人同意，但是有前款第二项至第七项规定情形的，不需取得个人同意。

第十四条　基于个人同意处理个人信息的，该同意应当由个人在充分知情的前提下自愿、明确作出。法律、行政法规规定处理个人信息应当取得个人单独同意或者书面同意的，从其规定。

个人信息的处理目的、处理方式和处理的个人信息种类发生变更的，应当重新取得个人同意。

第十五条　基于个人同意处理个人信息的，个人有权撤回其同意。个人信息处理者应当提供便捷的撤回同意的方式。

个人撤回同意，不影响撤回前基于个人同意已进行的个人信息处理活动的效力。

第十六条　个人信息处理者不得以个人不同意处理其个人信息或者撤回同意为由，拒绝提供产品或者服务；处理个人信息属于提供产品或者服务所必需的除外。

第十七条　个人信息处理者在处理个人信息前，应当以显著方式、清晰易懂的语言真实、准确、完整地向个人告知下列事项：

（一）个人信息处理者的名称或者姓名和联系方式；

（二）个人信息的处理目的、处理方式，处理的个人信息种类、保存期限；

（三）个人行使本法规定权利的方式和程序；

（四）法律、行政法规规定应当告知的其他事项。

前款规定事项发生变更的，应当将变更部分告知个人。

个人信息处理者通过制定个人信息处理规则的方式告知第一款规定事项的，处理规则应当公开，并且便于查阅和保存。

第十八条　个人信息处理者处理个人信息，有法律、行政法规规定应当保密或者不需要告知的情形的，可以不向个人告知前条第一款规定的事项。

紧急情况下为保护自然人的生命健康和财产安全无法及时向个人告知的，个人信息处理者应当在紧急情况消除后及时告知。

第十九条　除法律、行政法规另有规定外，个人信息的保存期限应当为实现处理目的所必要的最短时间。

第二十条　两个以上的个人信息处理者共同决定个人信息的处理目的和处理方式的，应当约定各自的权利和义务。但是，该约定不影响个人向其中任何一个个人信息处理者要求行使本法规定的权利。

个人信息处理者共同处理个人信息，侵害个人信息权益造成损害的，应当依法承担连带责任。

第二十一条　个人信息处理者委托处理个人信息的，应当与受托人约定委托处理的目的、期限、处理方式、个人信息的种类、保护措施以及双方的权利和义务等，并对受托人的个人信息处理活动进行监督。

受托人应当按照约定处理个人信息，不得超出约定的处理目的、处理方式等处理个人信息；委托合同不生效、无效、被撤销或者终止的，受托人应当将个人信息返还个人信息处理者或者予以删除，不得保留。

未经个人信息处理者同意，受托人不得转委托他人处理个人信息。

第二十二条　个人信息处理者因合并、分立、解散、被宣告破产等原因需要转移个人信息的，应当向个人告知接收方的名称或者姓名和联系方式。接收方应当继续履行个人信息处理者的义务。接收方变更原先的处理目的、处理方式的，应当依照本法规定重新取得个人同意。

第二十三条　个人信息处理者向其他个人信息处理者提供其处理的个人信息的，应当向个人告知接收方的名称或者姓名、联系方式、处理目的、处理方式和个人信息的种类，并取得个人的单独同意。接收方应当在上述处理目的、处理方式和个人信息的种类等范围内处理个人信息。接收方变更原先的处理目的、处理方式的，应当依照本法规定重新取得个人同意。

第二十四条　个人信息处理者利用个人信息进行自动化决策，应当保证决策的透明度和结果公平、公正，不得对个人在交易价格等交易条件上实行不合理的差别待遇。

通过自动化决策方式向个人进行信息推送、商业营销，应当同时提供不针对其个人特征的选项，或者向个人提供便捷的拒绝方式。

通过自动化决策方式作出对个人权益有重大影响的决定，个人有权要求个人信息处理者予以说明，并有权拒绝个人信息处理者仅通过自动化决策的方式作出决定。

第二十五条 个人信息处理者不得公开其处理的个人信息，取得个人单独同意的除外。

第二十六条 在公共场所安装图像采集、个人身份识别设备，应当为维护公共安全所必需，遵守国家有关规定，并设置显著的提示标识。所收集的个人图像、身份识别信息只能用于维护公共安全的目的，不得用于其他目的；取得个人单独同意的除外。

第二十七条 个人信息处理者可以在合理的范围内处理个人自行公开或者其他已经合法公开的个人信息；个人明确拒绝的除外。个人信息处理者处理已公开的个人信息，对个人权益有重大影响的，应当依照本法规定取得个人同意。

第二节 敏感个人信息的处理规则

第二十八条 敏感个人信息是一旦泄露或者非法使用，容易导致自然人的人格尊严受到侵害或者人身、财产安全受到危害的个人信息，包括生物识别、宗教信仰、特定身份、医疗健康、金融账户、行踪轨迹等信息，以及不满十四周岁未成年人的个人信息。

只有在具有特定的目的和充分的必要性，并采取严格保护措施的情形下，个人信息处理者方可处理敏感个人信息。

第二十九条 处理敏感个人信息应当取得个人的单独同意；法律、行政法规规定处理敏感个人信息应当取得书面同意的，从其规定。

第三十条 个人信息处理者处理敏感个人信息的，除本法第十七条第一款规定的事项外，还应当向个人告知处理敏感个人信息的必要性以及对个人权益的影响；依照本法规定可以不向个人告知的除外。

第三十一条 个人信息处理者处理不满十四周岁未成年人个人信息的，应当取得未成年人的父母或者其他监护人的同意。

个人信息处理者处理不满十四周岁未成年人个人信息的，应当制定专门的个人信息处理规则。

第三十二条 法律、行政法规对处理敏感个人信息规定应当取得相关行政许可或者作出其他限制的，从其规定。

第三节 国家机关处理个人信息的特别规定

第三十三条 国家机关处理个人信息的活动，适用本法；本节有特别规定的，适用本节规定。

第三十四条 国家机关为履行法定职责处理个人信息，应当依照法律、行政法规规定的权限、程序进行，不得超出履行法定职责所必需的范围和限度。

第三十五条 国家机关为履行法定职责处理个人信息，应当依照本法规定履行告知义务；有本法第十八条第一款规定的情形，或者告知将妨碍国家机关履行法定职责的除外。

第三十六条 国家机关处理的个人信息应当在中华人民共和国境内存储；确需向境外提供的，应当进行安全评估。安全评估可以要求有关部门提供支持与协助。

第三十七条 法律、法规授权的具有管理公共事务职能的组织为履行法定职责处理个人信息，适用本法关于国家机关处理个人信息的规定。

第三章 个人信息跨境提供的规则

第三十八条 个人信息处理者因业务等需要，确需向中华人民共和国境外提供个人信息的，应当具备下列条件之一：

（一）依照本法第四十条的规定通过国家网信部门组织的安全评估；

（二）按照国家网信部门的规定经专业机构进行个人信息保护认证；

（三）按照国家网信部门制定的标准合同与境外接收方订立合同，约定双方的权利和义务；

（四）法律、行政法规或者国家网信部门规定的其他条件。

中华人民共和国缔结或者参加的国际条约、协定对向中华人民共和国境外提供个人信息的条件等有规定的，可以按照其规定执行。

个人信息处理者应当采取必要措施，保障境外接收方处理个人信息的活动达到本法规定的个人信息保护标准。

第三十九条 个人信息处理者向中华人民共和国境外提供个人信息的，应当向个人告知境外接收方的名称或者姓名、联系方式、处理目的、处理方式、个人信息的种类以及个人向境外接收方行使本法规定权利的方式和程序等事项，并取得个人的单独同意。

第四十条 关键信息基础设施运营者和处理个人信息达到国家网信部门规定数量的个人信息处理者，应当将在中华人民共和国境内收集和产生的个人信息存储在境内。确需向境外提供的，应当通过国家网信部门组织的安全评估；法律、行政法规和国家网信部门规定可以不进行安全评估的，从其规定。

第四十一条 中华人民共和国主管机关根据有关法律和中华人民共和国缔结或者参加的国际条约、协定，或者按照平等互惠原则，处理外国司法或者执法机构关于提供存储于境内个人信息的请求。非经中华人民共和国主管机关批准，个人信息处理者不得向外国司法或者执法机构提供存储于中华人民共和国境内的个人信息。

第四十二条 境外的组织、个人从事侵害中华人民共和国公民的个人信息权益，或者危害中华人民共和国国家安全、公共利益的个人信息处理活动的，国家网信部门可以将其列入限制或者禁止个人信息提供清单，予以公告，并采取限制或者禁止向其提供个人信息等措施。

第四十三条 任何国家或者地区在个人信息保护方面对中华人民共和国采取歧视性的禁止、限制或者其他类似措施的，中华人民共和国可以根据实际情况对该国家或者地区对等采取措施。

第四章 个人在个人信息处理活动中的权利

第四十四条 个人对其个人信息的处理享有知情权、决定权，有权限制或者拒绝他人对其个人信息进行处理；法律、行政法规另有规定的除外。

第四十五条 个人有权向个人信息处理者查阅、复制其个人信息；有本法第十八条第一款、第三十五条规定情形的除外。

个人请求查阅、复制其个人信息的，个人信息处理者应当及时提供。

个人请求将个人信息转移至其指定的个人信息处理者，符合国家网信部门规定条件的，个人信息处理者应当提供转移的途径。

第四十六条 个人发现其个人信息不准确或者不完整的，有权请求个人信息处理者更正、补充。

个人请求更正、补充其个人信息的，个人信息处理者应当对其个人信息予以核实，并及时更正、补充。

第四十七条　有下列情形之一的，个人信息处理者应当主动删除个人信息；个人信息处理者未删除的，个人有权请求删除：

（一）处理目的已实现、无法实现或者为实现处理目的不再必要；

（二）个人信息处理者停止提供产品或者服务，或者保存期限已届满；

（三）个人撤回同意；

（四）个人信息处理者违反法律、行政法规或者违反约定处理个人信息；

（五）法律、行政法规规定的其他情形。

法律、行政法规规定的保存期限未届满，或者删除个人信息从技术上难以实现的，个人信息处理者应当停止除存储和采取必要的安全保护措施之外的处理。

第四十八条　个人有权要求个人信息处理者对其个人信息处理规则进行解释说明。

第四十九条　自然人死亡的，其近亲属为了自身的合法、正当利益，可以对死者的相关个人信息行使本章规定的查阅、复制、更正、删除等权利；死者生前另有安排的除外。

第五十条　个人信息处理者应当建立便捷的个人行使权利的申请受理和处理机制。拒绝个人行使权利的请求的，应当说明理由。

个人信息处理者拒绝个人行使权利的请求的，个人可以依法向人民法院提起诉讼。

第五章　个人信息处理者的义务

第五十一条　个人信息处理者应当根据个人信息的处理目的、处理方式、个人信息的种类以及对个人权益的影响、可能存在的安全风险等，采取下列措施确保个人信息处理活动符合法律、行政法规的规定，并防止未经授权的访问以及个人信息泄露、篡改、丢失：

（一）制定内部管理制度和操作规程；

（二）对个人信息实行分类管理；

（三）采取相应的加密、去标识化等安全技术措施；

（四）合理确定个人信息处理的操作权限，并定期对从业人员进行安全教育和培训；

（五）制定并组织实施个人信息安全事件应急预案；

（六）法律、行政法规规定的其他措施。

第五十二条　处理个人信息达到国家网信部门规定数量的个人信息处理者应当指定个人信息保护负责人，负责对个人信息处理活动以及采取的保护措施等进行监督。

个人信息处理者应当公开个人信息保护负责人的联系方式，并将个人信息保护负责人的姓名、联系方式等报送履行个人信息保护职责的部门。

第五十三条　本法第三条第二款规定的中华人民共和国境外的个人信息处理者，应当在中华人民共和国境内设立专门机构或者指定代表，负责处理个人信息保护相关事务，并将有关机构的名称或者代表的姓名、联系方式等报送履行个人信息保护职责的部门。

第五十四条　个人信息处理者应当定期对其处理个人信息遵守法律、行政法规的情况进行合规审计。

第五十五条　有下列情形之一的，个人信息处理者应当事前进行个人信息保护影响评估，并对处理情况进行记录：

（一）处理敏感个人信息；

（二）利用个人信息进行自动化决策；

（三）委托处理个人信息、向其他个人信息处理者提供个人信息、公开个人信息；

（四）向境外提供个人信息；

（五）其他对个人权益有重大影响的个人信息处理活动。

第五十六条　个人信息保护影响评估应当包括下列内容：

（一）个人信息的处理目的、处理方式等是否合法、正当、必要；

（二）对个人权益的影响及安全风险；

（三）所采取的保护措施是否合法、有效并与风险程度相适应。

个人信息保护影响评估报告和处理情况记录应当至少保存三年。

第五十七条　发生或者可能发生个人信息泄露、篡改、丢失的，个人信息处理者应当立即采取补救措施，并通知履行个人信息保护职责的部门和个人。通知应当包括下列事项：

（一）发生或者可能发生个人信息泄露、篡改、丢失的信息种类、原因和可能造成的危害；

（二）个人信息处理者采取的补救措施和个人可以采取的减轻危害的措施；

（三）个人信息处理者的联系方式。

个人信息处理者采取措施能够有效避免信息泄露、篡改、丢失造成危害的，个人信息处理者可以不通知个人；履行个人信息保护职责的部门认为可能造成危害的，有权要求个人信息处理者通知个人。

第五十八条 提供重要互联网平台服务、用户数量巨大、业务类型复杂的个人信息处理者，应当履行下列义务：

（一）按照国家规定建立健全个人信息保护合规制度体系，成立主要由外部成员组成的独立机构对个人信息保护情况进行监督；

（二）遵循公开、公平、公正的原则，制定平台规则，明确平台内产品或者服务提供者处理个人信息的规范和保护个人信息的义务；

（三）对严重违反法律、行政法规处理个人信息的平台内的产品或者服务提供者，停止提供服务；

（四）定期发布个人信息保护社会责任报告，接受社会监督。

第五十九条 接受委托处理个人信息的受托人，应当依照本法和有关法律、行政法规的规定，采取必要措施保障所处理的个人信息的安全，并协助个人信息处理者履行本法规定的义务。

第六章　履行个人信息保护职责的部门

第六十条 国家网信部门负责统筹协调个人信息保护工作和相关监督管理工作。国务院有关部门依照本法和有关法律、行政法规的规定，在各自职责范围内负责个人信息保护和监督管理工作。

县级以上地方人民政府有关部门的个人信息保护和监督管理职责，按照国家有关规定确定。

前两款规定的部门统称为履行个人信息保护职责的部门。

第六十一条 履行个人信息保护职责的部门履行下列个人信息保护职责：

（一）开展个人信息保护宣传教育，指导、监督个人信息处理者开展个人信息保护工作；

（二）接受、处理与个人信息保护有关的投诉、举报；

（三）组织对应用程序等个人信息保护情况进行测评，并公布测评结果；

（四）调查、处理违法个人信息处理活动；

（五）法律、行政法规规定的其他职责。

第六十二条 国家网信部门统筹协调有关部门依据本法推进下列个人信息保护工作：

（一）制定个人信息保护具体规则、标准；

（二）针对小型个人信息处理者、处理敏感个人信息以及人脸识别、人工智能等新技术、新应用，制定专门的个人信息保护规则、标准；

（三）支持研究开发和推广应用安全、方便的电子身份认证技术，推进网络身份认证公共服务建设；

（四）推进个人信息保护社会化服务体系建设，支持有关机构开展个人信息保护评估、认证服务；

（五）完善个人信息保护投诉、举报工作机制。

第六十三条 履行个人信息保护职责的部门履行个人信息保护职责，可以采取下列措施：

（一）询问有关当事人，调查与个人信息处理活动有关的情况；

（二）查阅、复制当事人与个人信息处理活动有关的合同、记录、账簿以及其他有关资料；

（三）实施现场检查，对涉嫌违法的个人信息处理活动进行调查；

（四）检查与个人信息处理活动有关的设备、物品；对有证据证明是用于违法个人信息处理活动的设备、物品，向本部门主要负责人书面报告并经批准，可以查封或者扣押。

履行个人信息保护职责的部门依法履行职责，当事人应当予以协助、配合，不得拒绝、阻挠。

第六十四条 履行个人信息保护职责的部门在履行职责中，发现个人信息处理活动存在较大风险或者发生个人信息安全事件的，可以按照规定的权限和程序对该个人信息处理者的法定代表人或者主要负责人进行约谈，或者要求个人信息处理者委托专业机构对其个人信息处理活动进行合规审计。个人信息处理者应当按照要求采取措施，进行整改，消除隐患。

履行个人信息保护职责的部门在履行职责中，发现违法处理个人信息涉嫌犯罪的，应当及时移送公安机关依法处理。

第六十五条　任何组织、个人有权对违法个人信息处理活动向履行个人信息保护职责的部门进行投诉、举报。收到投诉、举报的部门应当依法及时处理，并将处理结果告知投诉、举报人。

履行个人信息保护职责的部门应当公布接受投诉、举报的联系方式。

第七章　法律责任

第六十六条　违反本法规定处理个人信息，或者处理个人信息未履行本法规定的个人信息保护义务的，由履行个人信息保护职责的部门责令改正，给予警告，没收违法所得，对违法处理个人信息的应用程序，责令暂停或者终止提供服务；拒不改正的，并处一百万元以下罚款；对直接负责的主管人员和其他直接责任人员处一万元以上十万元以下罚款。

有前款规定的违法行为，情节严重的，由省级以上履行个人信息保护职责的部门责令改正，没收违法所得，并处五千万元以下或者上一年度营业额百分之五以下罚款，并可以责令暂停相关业务或者停业整顿、通报有关主管部门吊销相关业务许可或者吊销营业执照；对直接负责的主管人员和其他直接责任人员处十万元以上一百万元以下罚款，并可以决定禁止其在一定期限内担任相关企业的董事、监事、高级管理人员和个人信息保护负责人。

第六十七条　有本法规定的违法行为的，依照有关法律、行政法规的规定记入信用档案，并予以公示。

第六十八条　国家机关不履行本法规定的个人信息保护义务的，由其上级机关或者履行个人信息保护职责的部门责令改正；对直接负责的主管人员和其他直接责任人员依法给予处分。

履行个人信息保护职责的部门的工作人员玩忽职守、滥用职权、徇私舞弊，尚不构成犯罪的，依法给予处分。

第六十九条　处理个人信息侵害个人信息权益造成损害，个人信息处理者不能证明自己没有过错的，应当承担损害赔偿等侵权责任。

前款规定的损害赔偿责任按照个人因此受到的损失或者个人信息处理者因此获得的利益确定；个人因此受到的损失和个人信息处理者因此获得的利益难以确定的，根据实际情况确定赔偿数额。

第七十条　个人信息处理者违反本法规定处理个人信息，侵害众多个人的权益的，人民检察院、法律规定的消费者组织和由国家网信部门确定的组织可以依法向人民法院提起诉讼。

第七十一条　违反本法规定，构成违反治安管理行为的，依法给予治安管理处罚；构成犯罪的，依法追究刑事责任。

第八章　附　则

第七十二条　自然人因个人或者家庭事务处理个人信息的，不适用本法。

法律对各级人民政府及其有关部门组织实施的统计、档案管理活动中的个人信息处理有规定的，适用其规定。

第七十三条　本法下列用语的含义：

（一）个人信息处理者，是指在个人信息处理活动中自主决定处理目的、处理方式的组织、个人。

（二）自动化决策，是指通过计算机程序自动分析、评估个人的行为习惯、兴趣爱好或者经济、健康、信用状况等，并进行决策的活动。

（三）去标识化，是指个人信息经过处理，使其在不借助额外信息的情况下无法识别特定自然人的过程。

（四）匿名化，是指个人信息经过处理无法识别特定自然人且不能复原的过程。

第七十四条　本法自2021年11月1日起施行。

关键信息基础设施安全保护条例

（2021年4月27日国务院第133次常务会议通过，自2021年9月1日起施行）

第一章 总 则

第一条 为了保障关键信息基础设施安全，维护网络安全，根据《中华人民共和国网络安全法》，制定本条例。

第二条 本条例所称关键信息基础设施，是指公共通信和信息服务、能源、交通、水利、金融、公共服务、电子政务、国防科技工业等重要行业和领域的，以及其他一旦遭到破坏、丧失功能或者数据泄露，可能严重危害国家安全、国计民生、公共利益的重要网络设施、信息系统等。

第三条 在国家网信部门统筹协调下，国务院公安部门负责指导监督关键信息基础设施安全保护工作。国务院电信主管部门和其他有关部门依照本条例和有关法律、行政法规的规定，在各自职责范围内负责关键信息基础设施安全保护和监督管理工作。

省级人民政府有关部门依据各自职责对关键信息基础设施实施安全保护和监督管理。

第四条 关键信息基础设施安全保护坚持综合协调、分工负责、依法保护，强化和落实关键信息基础设施运营者（以下简称运营者）主体责任，充分发挥政府及社会各方面的作用，共同保护关键信息基础设施安全。

第五条 国家对关键信息基础设施实行重点保护，采取措施，监测、防御、处置来源于中华人民共和国境内外的网络安全风险和威胁，保护关键信息基础设施免受攻击、侵入、干扰和破坏，依法惩治危害关键信息基础设施安全的违法犯罪活动。

任何个人和组织不得实施非法侵入、干扰、破坏关键信息基础设施的活动，不得危害关键信息基础设施安全。

第六条 运营者依照本条例和有关法律、行政法规的规定以及国家标准的强制性要求，在网络安全等级保护的基础上，采取技术保护措施和其他必要措施，应对网络安全事件，防范网络攻击和违法犯罪活动，保障关键信息基础设施安全稳定运行，维护数据的完整性、保密性和可用性。

第七条　对在关键信息基础设施安全保护工作中取得显著成绩或者作出突出贡献的单位和个人，按照国家有关规定给予表彰。

第二章　关键信息基础设施认定

第八条　本条例第二条涉及的重要行业和领域的主管部门、监督管理部门是负责关键信息基础设施安全保护工作的部门（以下简称保护工作部门）。

第九条　保护工作部门结合本行业、本领域实际，制定关键信息基础设施认定规则，并报国务院公安部门备案。

制定认定规则应当主要考虑下列因素：

（一）网络设施、信息系统等对于本行业、本领域关键核心业务的重要程度；

（二）网络设施、信息系统等一旦遭到破坏、丧失功能或者数据泄露可能带来的危害程度；

（三）对其他行业和领域的关联性影响。

第十条　保护工作部门根据认定规则负责组织认定本行业、本领域的关键信息基础设施，及时将认定结果通知运营者，并通报国务院公安部门。

第十一条　关键信息基础设施发生较大变化，可能影响其认定结果的，运营者应当及时将相关情况报告保护工作部门。保护工作部门自收到报告之日起3个月内完成重新认定，将认定结果通知运营者，并通报国务院公安部门。

第三章　运营者责任义务

第十二条　安全保护措施应当与关键信息基础设施同步规划、同步建设、同步使用。

第十三条　运营者应当建立健全网络安全保护制度和责任制，保障人力、财力、物力投入。运营者的主要负责人对关键信息基础设施安全保护负总责，领导关键信息基础设施安全保护和重大网络安全事件处置工作，组织研究解决重大网络安全问题。

第十四条　运营者应当设置专门安全管理机构，并对专门安全管理机构负责人和关键岗位人员进行安全背景审查。审查时，公安机关、国家安全机关应当予以协助。

第十五条　专门安全管理机构具体负责本单位的关键信息基础设施安全保护工作，履行下列职责：

（一）建立健全网络安全管理、评价考核制度，拟订关键信息基础设施安全保护计划；

（二）组织推动网络安全防护能力建设，开展网络安全监测、检测和风险评估；

（三）按照国家及行业网络安全事件应急预案，制定本单位应急预案，定期开展应急演练，处置网络安全事件；

（四）认定网络安全关键岗位，组织开展网络安全工作考核，提出奖励和惩处建议；

（五）组织网络安全教育、培训；

（六）履行个人信息和数据安全保护责任，建立健全个人信息和数据安全保护制度；

（七）对关键信息基础设施设计、建设、运行、维护等服务实施安全管理；

（八）按照规定报告网络安全事件和重要事项。

第十六条　运营者应当保障专门安全管理机构的运行经费、配备相应的人员，开展与网络安全和信息化有关的决策应当有专门安全管理机构人员参与。

第十七条　运营者应当自行或者委托网络安全服务机构对关键信息基础设施每年至少进行一次网络安全检测和风险评估，对发现的安全问题及时整改，并按照保护工作部门要求报送情况。

第十八条　关键信息基础设施发生重大网络安全事件或者发现重大网络安全威胁时，运营者应当按照有关规定向保护工作部门、公安机关报告。

发生关键信息基础设施整体中断运行或者主要功能故障、国家基础信息以及其他重要数据泄露、较大规模个人信息泄露、造成较大经济损失、违法信息较大范围传播等特别重大网络安全事件或者发现特别重大网络安全威胁时，保护工作部门应当在收到报告后,及时向国家网信部门、国务院公安部门报告。

第十九条　运营者应当优先采购安全可信的网络产品和服务;采购网络产品和服务可能影响国家安全的,应当按照国家网络安全规定通过安全审查。

第二十条　运营者采购网络产品和服务,应当按照国家有关规定与网络产品和服务提供者签订安全保密协议,明确提供者的技术支持和安全保密义务与责任,并对义务与责任履行情况进行监督。

第二十一条　运营者发生合并、分立、解散等情况,应当及时报告保护工作部门,并按照保护工作部门的要求对关键信息基础设施进行处置,确保安全。

第四章　保障和促进

第二十二条　保护工作部门应当制定本行业、本领域关键信息基础设施安全规划,明确保护目标、基本要求、工作任务、具体措施。

第二十三条　国家网信部门统筹协调有关部门建立网络安全信息共享机制,及时汇总、研判、共享、发布网络安全威胁、漏洞、事件等信息,促进有关部门、保护工作部门、运营者以及网络安全服务机构等之间的网络安全信息共享。

第二十四条　保护工作部门应当建立健全本行业、本领域的关键信息基础设施网络安全监测预警制度,及时掌握本行业、本领域关键信息基础设施运行状况、安全态势,预警通报网络安全威胁和隐患,指导做好安全防范工作。

第二十五条　保护工作部门应当按照国家网络安全事件应急预案的要求,建立健全本行业、本领域的网络安全事件应急预案,定期组织应急演练;指导运营者做好网络安全事件应对处置,并根据需要组织提供技术支持与协助。

第二十六条　保护工作部门应当定期组织开展本行业、本领域关键信息基础设施网络安全检查检测,指导监督运营者及时整改安全隐患、完善安全措施。

第二十七条　国家网信部门统筹协调国务院公安部门、保护工作部门对关键信息基础设施进行网络安全检查检测,提出改进措施。

有关部门在开展关键信息基础设施网络安全检查时，应当加强协同配合、信息沟通，避免不必要的检查和交叉重复检查。检查工作不得收取费用，不得要求被检查单位购买指定品牌或者指定生产、销售单位的产品和服务。

第二十八条　运营者对保护工作部门开展的关键信息基础设施网络安全检查检测工作，以及公安、国家安全、保密行政管理、密码管理等有关部门依法开展的关键信息基础设施网络安全检查工作应当予以配合。

第二十九条　在关键信息基础设施安全保护工作中，国家网信部门和国务院电信主管部门、国务院公安部门等应当根据保护工作部门的需要，及时提供技术支持和协助。

第三十条　网信部门、公安机关、保护工作部门等有关部门，网络安全服务机构及其工作人员对于在关键信息基础设施安全保护工作中获取的信息，只能用于维护网络安全，并严格按照有关法律、行政法规的要求确保信息安全，不得泄露、出售或者非法向他人提供。

第三十一条　未经国家网信部门、国务院公安部门批准或者保护工作部门、运营者授权，任何个人和组织不得对关键信息基础设施实施漏洞探测、渗透性测试等可能影响或者危害关键信息基础设施安全的活动。对基础电信网络实施漏洞探测、渗透性测试等活动，应当事先向国务院电信主管部门报告。

第三十二条　国家采取措施，优先保障能源、电信等关键信息基础设施安全运行。

能源、电信行业应当采取措施，为其他行业和领域的关键信息基础设施安全运行提供重点保障。

第三十三条　公安机关、国家安全机关依据各自职责依法加强关键信息基础设施安全保卫，防范打击针对和利用关键信息基础设施实施的违法犯罪活动。

第三十四条　国家制定和完善关键信息基础设施安全标准，指导、规范关键信息基础设施安全保护工作。

第三十五条　国家采取措施，鼓励网络安全专门人才从事关键信息基础设施安全保护工作；将运营者安全管理人员、安全技术人员培训纳入国家继续教育体系。

第三十六条　国家支持关键信息基础设施安全防护技术创新和产业发展，组织力量实施关键信息基础设施安全技术攻关。

第三十七条　国家加强网络安全服务机构建设和管理，制定管理要求并加强监督指导，不断提升服务机构能力水平，充分发挥其在关键信息基础设施安全保护中的作用。

第三十八条　国家加强网络安全军民融合，军地协同保护关键信息基础设施安全。

第五章　法律责任

第三十九条　运营者有下列情形之一的，由有关主管部门依据职责责令改正，给予警告；拒不改正或者导致危害网络安全等后果的，处10万元以上100万元以下罚款，对直接负责的主管人员处1万元以上10万元以下罚款：

（一）在关键信息基础设施发生较大变化，可能影响其认定结果时未及时将相关情况报告保护工作部门的；

（二）安全保护措施未与关键信息基础设施同步规划、同步建设、同步使用的；

（三）未建立健全网络安全保护制度和责任制的；

（四）未设置专门安全管理机构的；

（五）未对专门安全管理机构负责人和关键岗位人员进行安全背景审查的；

（六）开展与网络安全和信息化有关的决策没有专门安全管理机构人员参与的；

（七）专门安全管理机构未履行本条例第十五条规定的职责的；

（八）未对关键信息基础设施每年至少进行一次网络安全检测和风险评估，未对发现的安全问题及时整改，或者未按照保护工作部门要求报送情况的；

（九）采购网络产品和服务，未按照国家有关规定与网络产品和服务提供者签订安全保密协议的；

（十）发生合并、分立、解散等情况，未及时报告保护工作部门，或者未按照保护工作部门的要求对关键信息基础设施进行处置的。

第四十条 运营者在关键信息基础设施发生重大网络安全事件或者发现重大网络安全威胁时，未按照有关规定向保护工作部门、公安机关报告的，由保护工作部门、公安机关依据职责责令改正，给予警告；拒不改正或者导致危害网络安全等后果的，处10万元以上100万元以下罚款，对直接负责的主管人员处1万元以上10万元以下罚款。

第四十一条 运营者采购可能影响国家安全的网络产品和服务，未按照国家网络安全规定进行安全审查的，由国家网信部门等有关主管部门依据职责责令改正，处采购金额1倍以上10倍以下罚款，对直接负责的主管人员和其他直接责任人员处1万元以上10万元以下罚款。

第四十二条 运营者对保护工作部门开展的关键信息基础设施网络安全检查检测工作，以及公安、国家安全、保密行政管理、密码管理等有关部门依法开展的关键信息基础设施网络安全检查工作不予配合的，由有关主管部门责令改正；拒不改正的，处5万元以上50万元以下罚款，对直接负责的主管人员和其他直接责任人员处1万元以上10万元以下罚款；情节严重的，依法追究相应法律责任。

第四十三条 实施非法侵入、干扰、破坏关键信息基础设施，危害其安全的活动尚不构成犯罪的，依照《中华人民共和国网络安全法》有关规定，由公安机关没收违法所得，处5日以下拘留，可以并处5万元以上50万元以下罚款；情节较重的，处5日以上15日以下拘留，可以并处10万元以上100万元以下罚款。

单位有前款行为的，由公安机关没收违法所得，处10万元以上100万元以下罚款，并对直接负责的主管人员和其他直接责任人员依照前款规定处罚。

违反本条例第五条第二款和第三十一条规定，受到治安管理处罚的人员，5年内不得从事网络安全管理和网络运营关键岗位的工作；受到刑事处罚的人员，终身不得从事网络安全管理和网络运营关键岗位的工作。

第四十四条 网信部门、公安机关、保护工作部门和其他有关部门及其工作人员未履行关键信息基础设施安全保护和监督管理职责或者玩忽职守、滥用职权、徇私舞弊的，依法对直接负责的主管人员和其他直接责任人员给予处分。

第四十五条 公安机关、保护工作部门和其他有关部门在开展关键信息基础设施网络安全检查工作中收取费用，或者要求被检查单位购买指定品牌或者指定生产、销售单位的产品和服务的，由其上级机关责令改正，退还收取的费用；情节严重的，依法对直接负责的主管人员和其他直接责任人员给予处分。

第四十六条 网信部门、公安机关、保护工作部门等有关部门、网络安全服务机构及其工作人员将在关键信息基础设施安全保护工作中获取的信息用于其他用途，或者泄露、出售、非法向他人提供的，依法对直接负责的主管人员和其他直接责任人员给予处分。

第四十七条 关键信息基础设施发生重大和特别重大网络安全事件，经调查确定为责任事故的，除应当查明运营者责任并依法予以追究外，还应查明相关网络安全服务机构及有关部门的责任，对有失职、渎职及其他违法行为的，依法追究责任。

第四十八条 电子政务关键信息基础设施的运营者不履行本条例规定的网络安全保护义务的，依照《中华人民共和国网络安全法》有关规定予以处理。

第四十九条 违反本条例规定，给他人造成损害的，依法承担民事责任。

违反本条例规定，构成违反治安管理行为的，依法给予治安管理处罚；构成犯罪的，依法追究刑事责任。

第六章 附 则

第五十条 存储、处理涉及国家秘密信息的关键信息基础设施的安全保护，还应当遵守保密法律、行政法规的规定。

关键信息基础设施中的密码使用和管理，还应当遵守相关法律、行政法规的规定。

第五十一条 本条例自2021年9月1日起施行。

网络数据安全管理条例（征求意见稿）

（2021年11月14日）

第一章 总 则

第一条 为了规范网络数据处理活动，保障数据安全，保护个人、组织在网络空间的合法权益，维护国家安全、公共利益，根据《中华人民共和国网络安全法》《中华人民共和国数据安全法》《中华人民共和国个人信息保护法》等法律，制定本条例。

第二条 在中华人民共和国境内利用网络开展数据处理活动，以及网络数据安全的监督管理，适用本条例。

在中华人民共和国境外处理中华人民共和国境内个人和组织数据的活动，有下列情形之一的，适用本条例：

（一）以向境内提供产品或者服务为目的；

（二）分析、评估境内个人、组织的行为；

（三）涉及境内重要数据处理；

（四）法律、行政法规规定的其他情形。

自然人因个人或者家庭事务开展数据处理活动，不适用本条例。

第三条 国家统筹发展和安全，坚持促进数据开发利用与保障数据安全并重，加强数据安全防护能力建设，保障数据依法有序自由流动，促进数据依法合理有效利用。

第四条 国家支持数据开发利用与安全保护相关的技术、产品、服务创新和人才培养。

国家鼓励国家机关、行业组织、企业、教育和科研机构、有关专业机构等开展数据开发利用和安全保护合作，开展数据安全宣传教育和培训。

第五条 国家建立数据分类分级保护制度。按照数据对国家安全、公共利益或者个人、组织合法权益的影响和重要程度，将数据分为一般数据、重要数据、核心数据，不同级别的数据采取不同的保护措施。

国家对个人信息和重要数据进行重点保护，对核心数据实行严格保护。

各地区、各部门应当按照国家数据分类分级要求，对本地区、本部门以及相关行业、领域的数据进行分类分级管理。

第六条 数据处理者对所处理数据的安全负责，履行数据安全保护义务，接受政府和社会监督，承担社会责任。

数据处理者应当按照有关法律、行政法规的规定和国家标准的强制性要求，建立完善数据安全管理制度和技术保护机制。

第七条 国家推动公共数据开放、共享，促进数据开发利用，并依法对公共数据实施监督管理。

国家建立健全数据交易管理制度，明确数据交易机构设立、运行标准，规范数据流通交易行为，确保数据依法有序流通。

第二章 一般规定

第八条 任何个人和组织开展数据处理活动应当遵守法律、行政法规，尊重社会公德和伦理，不得从事以下活动：

（一）危害国家安全、荣誉和利益，泄露国家秘密和工作秘密；

（二）侵害他人名誉权、隐私权、著作权和其他合法权益等；

（三）通过窃取或者以其他非法方式获取数据；

（四）非法出售或者非法向他人提供数据；

（五）制作、发布、复制、传播违法信息；

（六）法律、行政法规禁止的其他行为。

任何个人和组织知道或者应当知道他人从事前款活动的，不得为其提供技术支持、工具、程序和广告推广、支付结算等服务。

第九条 数据处理者应当采取备份、加密、访问控制等必要措施，保障数据免遭泄露、窃取、篡改、毁损、丢失、非法使用，应对数据安全事件，防范针对和利用数据的违法犯罪活动，维护数据的完整性、保密性、可用性。

数据处理者应当按照网络安全等级保护的要求，加强数据处理系统、数据传输网络、数据存储环境等安全防护，处理重要数据的系统原则上应当满足三级以上网络安全等级保护和关键信息基础设施安全保护要求，处理核心数据的系统依照有关规定从严保护。

数据处理者应当使用密码对重要数据和核心数据进行保护。

第十条 数据处理者发现其使用或者提供的网络产品和服务存在安全缺陷、漏洞，或者威胁国家安全、危害公共利益等风险时，应当立即采取补救措施。

第十一条 数据处理者应当建立数据安全应急处置机制，发生数据安全事件时及时启动应急响应机制，采取措施防止危害扩大，消除安全隐患。安全事件对个人、组织造成危害的，数据处理者应当在三个工作日内将安全事件和风险情况、危害后果、已经采取的补救措施等以电话、短信、即时通信工具、电子邮件等方式通知利害关系人，无法通知的可采取公告方式告知，法律、行政法规规定可以不通知的从其规定。安全事件涉嫌犯罪的，数据处理者应当按规定向公安机关报案。

发生重要数据或者十万人以上个人信息泄露、毁损、丢失等数据安全事件时，数据处理者还应当履行以下义务：

（一）在发生安全事件的八小时内向设区的市级网信部门和有关主管部门报告事件基本信息，包括涉及的数据数量、类型、可能的影响、已经或拟采取的处置措施等；

（二）在事件处置完毕后五个工作日内向设区的市级网信部门和有关主管部门报告包括事件原因、危害后果、责任处理、改进措施等情况的调查评估报告。

第十二条 数据处理者向第三方提供个人信息，或者共享、交易、委托处理重要数据的，应当遵守以下规定：

（一）向个人告知提供个人信息的目的、类型、方式、范围、存储期限、存储地点，并取得个人单独同意，符合法律、行政法规规定的不需要取得个人同意的情形或者经过匿名化处理的除外；

（二）与数据接收方约定处理数据的目的、范围、处理方式、数据安全保护措施等，通过合同等形式明确双方的数据安全责任义务，并对数据接收方的数据处理活动进行监督；

（三）留存个人同意记录及提供个人信息的日志记录，共享、交易、委托处理重要数据的审批记录、日志记录至少五年。

数据接收方应当履行约定的义务，不得超出约定的目的、范围、处理方式处理个人信息和重要数据。

第十三条　数据处理者开展以下活动，应当按照国家有关规定，申报网络安全审查：

（一）汇聚掌握大量关系国家安全、经济发展、公共利益的数据资源的互联网平台运营者实施合并、重组、分立，影响或者可能影响国家安全的；

（二）处理一百万人以上个人信息的数据处理者赴国外上市的；

（三）数据处理者赴香港上市，影响或者可能影响国家安全的；

（四）其他影响或者可能影响国家安全的数据处理活动。

大型互联网平台运营者在境外设立总部或者运营中心、研发中心，应当向国家网信部门和主管部门报告。

第十四条　数据处理者发生合并、重组、分立等情况的，数据接收方应当继续履行数据安全保护义务，涉及重要数据和一百万人以上个人信息的，应当向设区的市级主管部门报告；数据处理者发生解散、被宣告破产等情况的，应当向设区的市级主管部门报告，按照相关要求移交或删除数据，主管部门不明确的，应当向设区的市级网信部门报告。

第十五条　数据处理者从其他途径获取的数据，应当按照本条例的规定履行数据安全保护义务。

第十六条　国家机关应当依照法律、行政法规的规定和国家标准的强制性要求，建立健全数据安全管理制度，落实数据安全保护责任，保障政务数据安全。

第十七条　数据处理者在采用自动化工具访问、收集数据时，应当评估对网络服务的性能、功能带来的影响，不得干扰网络服务的正常功能。

自动化工具访问、收集数据违反法律、行政法规或者行业自律公约、影响网络服务正常功能，或者侵犯他人知识产权等合法权益的，数据处理者应当停止访问、收集数据行为并采取相应补救措施。

第十八条　数据处理者应当建立便捷的数据安全投诉举报渠道，及时受理、处置数据安全投诉举报。

数据处理者应当公布接受投诉、举报的联系方式、责任人信息，每年公开披露受理和收到的个人信息安全投诉数量、投诉处理情况、平均处理时间情况，接受社会监督。

第三章　个人信息保护

第十九条　数据处理者处理个人信息，应当具有明确、合理的目的，遵循合法、正当、必要的原则。基于个人同意处理个人信息的，应当满足以下要求：

（一）处理的个人信息是提供服务所必需的，或者是履行法律、行政法规规定的义务所必需的；

（二）限于实现处理目的最短周期、最低频次，采取对个人权益影响最小的方式；

（三）不得因个人拒绝提供服务必需的个人信息以外的信息，拒绝提供服务或者干扰个人正常使用服务。

第二十条　数据处理者处理个人信息，应当制定个人信息处理规则并严格遵守。个人信息处理规则应当集中公开展示、易于访问并置于醒目位置，内容明确具体、简明通俗，系统全面地向个人说明个人信息处理情况。

个人信息处理规则应当包括但不限于以下内容：

（一）依据产品或者服务的功能明确所需的个人信息，以清单形式列明每项功能处理个人信息的目的、用途、方式、种类、频次或者时机、保存地点等，以及拒绝处理个人信息对个人的影响；

（二）个人信息存储期限或者个人信息存储期限的确定方法、到期后的处理方式；

（三）个人查阅、复制、更正、删除、限制处理、转移个人信息，以及注销账号、撤回处理个人信息同意的途径和方法；

（四）以集中展示等便利用户访问的方式说明产品服务中嵌入的所有收集个人信息的第三方代码、插件的名称，以及每个第三方代码、插件收集个人信息的目的、方式、种类、频次或者时机及其个人信息处理规则；

（五）向第三方提供个人信息情形及其目的、方式、种类，数据接收方相关信息等；

（六）个人信息安全风险及保护措施；

（七）个人信息安全问题的投诉、举报渠道及解决途径，个人信息保护负责人联系方式。

第二十一条　处理个人信息应当取得个人同意的，数据处理者应当遵守以下规定：

（一）按照服务类型分别向个人申请处理个人信息的同意，不得使用概括性条款取得同意；

（二）处理个人生物识别、宗教信仰、特定身份、医疗健康、金融账户、行踪轨迹等敏感个人信息应当取得个人单独同意；

（三）处理不满十四周岁未成年人的个人信息，应当取得其监护人同意；

（四）不得以改善服务质量、提升用户体验、研发新产品等为由，强迫个人同意处理其个人信息；

（五）不得通过误导、欺诈、胁迫等方式获得个人的同意；

（六）不得通过捆绑不同类型服务、批量申请同意等方式诱导、强迫个人进行批量个人信息同意；

（七）不得超出个人授权同意的范围处理个人信息；

（八）不得在个人明确表示不同意后，频繁征求同意、干扰正常使用服务。

个人信息的处理目的、处理方式和处理的个人信息种类发生变更的，数据处理者应当重新取得个人同意，并同步修改个人信息处理规则。

对个人同意行为有效性存在争议的，数据处理者负有举证责任。

第二十二条　有下列情况之一的，数据处理者应当在十五个工作日内删除个人信息或者进行匿名化处理：

（一）已实现个人信息处理目的或者实现处理目的不再必要；

（二）达到与用户约定或者个人信息处理规则明确的存储期限；

（三）终止服务或者个人注销账号；

（四）因使用自动化采集技术等，无法避免采集到的非必要个人信息或者未经个人同意的个人信息。

删除个人信息从技术上难以实现，或者因业务复杂等原因，在十五个工作日内删除个人信息确有困难的，数据处理者不得开展除存储和采取必要的安全保护措施之外的处理，并应当向个人作出合理解释。

法律、行政法规另有规定的从其规定。

第二十三条　个人提出查阅、复制、更正、补充、限制处理、删除其个人信息的合理请求的，数据处理者应当履行以下义务：

（一）提供便捷的支持个人结构化查询本人被收集的个人信息类型、数量等的方法和途径，不得以时间、位置等因素对个人的合理请求进行限制；

（二）提供便捷的支持个人复制、更正、补充、限制处理、删除其个人信息、撤回授权同意以及注销账号的功能，且不得设置不合理条件；

（三）收到个人复制、更正、补充、限制处理、删除本人个人信息、撤回授权同意或者注销账号申请的，应当在十五个工作日内处理并反馈。

法律、行政法规另有规定的从其规定。

第二十四条　符合下列条件的个人信息转移请求，数据处理者应当为个人指定的其他数据处理者访问、获取其个人信息提供转移服务：

（一）请求转移的个人信息是基于同意或者订立、履行合同所必需而收集的个人信息；

（二）请求转移的个人信息是本人信息或者请求人合法获得且不违背他人意愿的他人信息；

（三）能够验证请求人的合法身份。

数据处理者发现接收个人信息的其他数据处理者有非法处理个人信息风险的，应当对个人信息转移请求做合理的风险提示。

请求转移个人信息次数明显超出合理范围的，数据处理者可以收取合理费用。

第二十五条　数据处理者利用生物特征进行个人身份认证的，应当对必要性、安全性进行风险评估，不得将人脸、步态、指纹、虹膜、声纹等生物特征作为唯一的个人身份认证方式，以强制个人同意收集其个人生物特征信息。

法律、行政法规另有规定的从其规定。

第二十六条　数据处理者处理一百万人以上个人信息的，还应当遵守本条例第四章对重要数据的处理者作出的规定。

第四章　重要数据安全

第二十七条　各地区、各部门按照国家有关要求和标准，组织本地区、本部门以及相关行业、领域的数据处理者识别重要数据和核心数据，组织制定本地区、本部门以及相关行业、领域重要数据和核心数据目录，并报国家网信部门。

第二十八条　重要数据的处理者，应当明确数据安全负责人，成立数据安全管理机构。数据安全管理机构在数据安全负责人的领导下，履行以下职责：

（一）研究提出数据安全相关重大决策建议；

（二）制定实施数据安全保护计划和数据安全事件应急预案；

（三）开展数据安全风险监测，及时处置数据安全风险和事件；

（四）定期组织开展数据安全宣传教育培训、风险评估、应急演练等活动；

（五）受理、处置数据安全投诉、举报；

（六）按照要求及时向网信部门和主管、监管部门报告数据安全情况。

数据安全负责人应当具备数据安全专业知识和相关管理工作经历，由数据处理者决策层成员承担，有权直接向网信部门和主管、监管部门反映数据安全情况。

第二十九条　重要数据的处理者，应当在识别其重要数据后的十五个工作日内向设区的市级网信部门备案，备案内容包括：

（一）数据处理者基本信息、数据安全管理机构信息、数据安全负责人姓名和联系方式等；

（二）处理数据的目的、规模、方式、范围、类型、存储期限、存储地点等，不包括数据内容本身；

（三）国家网信部门和主管、监管部门规定的其他备案内容。

处理数据的目的、范围、类型及数据安全防护措施等有重大变化的，应当重新备案。

依据部门职责分工，网信部门与有关部门共享备案信息。

第三十条　重要数据的处理者，应当制定数据安全培训计划，每年组织开展全员数据安全教育培训，数据安全相关的技术和管理人员每年教育培训时间不得少于二十小时。

第三十一条　重要数据的处理者，应当优先采购安全可信的网络产品和服务。

第三十二条　处理重要数据或者赴境外上市的数据处理者，应当自行或者委托数据安全服务机构每年开展一次数据安全评估，并在每年1月31日前将上一年度数据安全评估报告报设区的市级网信部门，年度数据安全评估报告的内容包括：

（一）处理重要数据的情况；

（二）发现的数据安全风险及处置措施；

（三）数据安全管理制度，数据备份、加密、访问控制等安全防护措施，以及管理制度实施情况和防护措施的有效性；

（四）落实国家数据安全法律、行政法规和标准情况；

（五）发生的数据安全事件及其处置情况；

（六）共享、交易、委托处理、向境外提供重要数据的安全评估情况；

（七）数据安全相关的投诉及处理情况；

（八）国家网信部门和主管、监管部门明确的其他数据安全情况。

数据处理者应当保留风险评估报告至少三年。

依据部门职责分工，网信部门与有关部门共享报告信息。

数据处理者开展共享、交易、委托处理、向境外提供重要数据的安全评估，应当重点评估以下内容：

（一）共享、交易、委托处理、向境外提供数据，以及数据接收方处理数据的目的、方式、范围等是否合法、正当、必要；

（二）共享、交易、委托处理、向境外提供数据被泄露、毁损、篡改、滥用的风险，以及对国家安全、经济发展、公共利益带来的风险；

（三）数据接收方的诚信状况、守法情况、境外政府机构合作关系、是否被中国政府制裁等背景情况，承诺承担的责任以及履行责任的能力等是否能够有效保障数据安全；

（四）与数据接收方订立的相关合同中关于数据安全的要求能否有效约束数据接收方履行数据安全保护义务；

（五）在数据处理过程中的管理和技术措施等是否能够防范数据泄露、毁损等风险。

评估认为可能危害国家安全、经济发展和公共利益，数据处理者不得共享、交易、委托处理、向境外提供数据。

第三十三条 数据处理者共享、交易、委托处理重要数据的，应当征得设区的市级及以上主管部门同意，主管部门不明确的，应当征得设区的市级及以上网信部门同意。

第三十四条 国家机关和关键信息基础设施运营者采购的云计算服务，应当通过国家网信部门会同国务院有关部门组织的安全评估。

第五章　数据跨境安全管理

第三十五条 数据处理者因业务等需要，确需向中华人民共和国境外提供数据的，应当具备下列条件之一：

（一）通过国家网信部门组织的数据出境安全评估；

（二）数据处理者和数据接收方均通过国家网信部门认定的专业机构进行的个人信息保护认证；

（三）按照国家网信部门制定的关于标准合同的规定与境外数据接收方订立合同，约定双方权利和义务；

（四）法律、行政法规或者国家网信部门规定的其他条件。

数据处理者为订立、履行个人作为一方当事人的合同所必需向境外提供当事人个人信息的，或者为了保护个人生命健康和财产安全而必须向境外提供个人信息的除外。

第三十六条 数据处理者向中华人民共和国境外提供个人信息的，应当向个人告知境外数据接收方的名称、联系方式、处理目的、处理方式、个人信息的种类以及个人向境外数据接收方行使个人信息权利的方式等事项，并取得个人的单独同意。

收集个人信息时已单独就个人信息出境取得个人同意，且按照取得同意的事项出境的，无需再次取得个人单独同意。

第三十七条 数据处理者向境外提供在中华人民共和国境内收集和产生的数据，属于以下情形的，应当通过国家网信部门组织的数据出境安全评估：

（一）出境数据中包含重要数据；

（二）关键信息基础设施运营者和处理一百万人以上个人信息的数据处理者向境外提供个人信息；

（三）国家网信部门规定的其它情形。

法律、行政法规和国家网信部门规定可以不进行安全评估的，从其规定。

第三十八条　中华人民共和国缔结或者参加的国际条约、协定对向中华人民共和国境外提供个人信息的条件等有规定的，可以按照其规定执行。

第三十九条　数据处理者向境外提供数据应当履行以下义务：

（一）不得超出报送网信部门的个人信息保护影响评估报告中明确的目的、范围、方式和数据类型、规模等向境外提供个人信息；

（二）不得超出网信部门安全评估时明确的出境目的、范围、方式和数据类型、规模等向境外提供个人信息和重要数据；

（三）采取合同等有效措施监督数据接收方按照双方约定的目的、范围、方式使用数据，履行数据安全保护义务，保证数据安全；

（四）接受和处理数据出境所涉及的用户投诉；

（五）数据出境对个人、组织合法权益或者公共利益造成损害的，数据处理者应当依法承担责任；

（六）存留相关日志记录和数据出境审批记录三年以上；

（七）国家网信部门会同国务院有关部门核验向境外提供个人信息和重要数据的类型、范围时，数据处理者应当以明文、可读方式予以展示；

（八）国家网信部门认定不得出境的，数据处理者应当停止数据出境，并采取有效措施对已出境数据的安全予以补救；

（九）个人信息出境后确需再转移的，应当事先与个人约定再转移的条件，并明确数据接收方履行的安全保护义务。

非经中华人民共和国主管机关批准，境内的个人、组织不得向外国司法或者执法机构提供存储于中华人民共和国境内的数据。

第四十条　向境外提供个人信息和重要数据的数据处理者，应当在每年1月31日前编制数据出境安全报告，向设区的市级网信部门报告上一年度以下数据出境情况：

（一）全部数据接收方名称、联系方式；

（二）出境数据的类型、数量及目的；

（三）数据在境外的存放地点、存储期限、使用范围和方式；

（四）涉及向境外提供数据的用户投诉及处理情况；

（五）发生的数据安全事件及其处置情况；

（六）数据出境后再转移的情况；

（七）国家网信部门明确向境外提供数据需要报告的其他事项。

第四十一条 国家建立数据跨境安全网关，对来源于中华人民共和国境外、法律和行政法规禁止发布或者传输的信息予以阻断传播。

任何个人和组织不得提供用于穿透、绕过数据跨境安全网关的程序、工具、线路等，不得为穿透、绕过数据跨境安全网关提供互联网接入、服务器托管、技术支持、传播推广、支付结算、应用下载等服务。

境内用户访问境内网络的，其流量不得被路由至境外。

第四十二条 数据处理者从事跨境数据活动应当按照国家数据跨境安全监管要求，建立健全相关技术和管理措施。

第六章 互联网平台运营者义务

第四十三条 互联网平台运营者应当建立与数据相关的平台规则、隐私政策和算法策略披露制度，及时披露制定程序、裁决程序，保障平台规则、隐私政策、算法公平公正。

平台规则、隐私政策制定或者对用户权益有重大影响的修订，互联网平台运营者应当在其官方网站、个人信息保护相关行业协会互联网平台面向社会公开征求意见，征求意见时长不得少于三十个工作日，确保用户能够便捷充分表达意见。互联网平台运营者应当充分采纳公众意见，修改完善平台规则、隐私政策，并以易于用户访问的方式公布意见采纳情况，说明未采纳的理由，接受社会监督。

日活用户超过一亿的大型互联网平台运营者平台规则、隐私政策制定或者对用户权益有重大影响的修订的，应当经国家网信部门认定的第三方机构评估，并报省级及以上网信部门和电信主管部门同意。

第四十四条 互联网平台运营者应当对接入其平台的第三方产品和服务承担数据安全管理责任,通过合同等形式明确第三方的数据安全责任义务,并督促第三方加强数据安全管理,采取必要的数据安全保护措施。

第三方产品和服务对用户造成损害的,用户可以要求互联网平台运营者先行赔偿。

移动通信终端预装第三方产品适用本条前两款规定。

第四十五条 国家鼓励提供即时通信服务的互联网平台运营者从功能设计上为用户提供个人通信和非个人通信选择。个人通信的信息按照个人信息保护要求严格保护,非个人通信的信息按照公共信息有关规定进行管理。

第四十六条 互联网平台运营者不得利用数据以及平台规则等从事以下活动:

(一)利用平台收集掌握的用户数据,无正当理由对交易条件相同的用户实施产品和服务差异化定价等损害用户合法利益的行为;

(二)利用平台收集掌握的经营者数据,在产品推广中实行最低价销售等损害公平竞争的行为;

(三)利用数据误导、欺诈、胁迫用户,损害用户对其数据被处理的决定权,违背用户意愿处理用户数据;

(四)在平台规则、算法、技术、流量分配等方面设置不合理的限制和障碍,限制平台上的中小企业公平获取平台产生的行业、市场数据等,阻碍市场创新。

第四十七条 提供应用程序分发服务的互联网平台运营者,应当按照有关法律、行政法规和国家网信部门的规定,建立、披露应用程序审核规则,并对应用程序进行安全审核。对不符合法律、行政法规的规定和国家标准的强制性要求的应用程序,应当采取拒绝上架、督促整改、下架处置等措施。

第四十八条 互联网平台运营者面向公众提供即时通信服务的,应当按照国务院电信主管部门的规定,为其他互联网平台运营者的即时通信服务提供数据接口,支持不同即时通信服务之间用户数据互通,无正当理由不得限制用户访问其他互联网平台以及向其他互联网平台传输文件。

第四十九条 互联网平台运营者利用个人信息和个性化推送算法向用户提供信息的,应当对推送信息的真实性、准确性以及来源合法性负责,并符合以下要求:

（一）收集个人信息用于个性化推荐时，应当取得个人单独同意；

（二）设置易于理解、便于访问和操作的一键关闭个性化推荐选项，允许用户拒绝接受定向推送信息，允许用户重置、修改、调整针对其个人特征的定向推送参数；

（三）允许个人删除定向推送信息服务收集产生的个人信息，法律、行政法规另有规定或者与用户另有约定的除外。

第五十条　国家建设网络身份认证公共服务基础设施，按照政府引导、网民自愿原则，提供个人身份认证公共服务。

互联网平台运营者应当支持并优先使用国家网络身份认证公共服务基础设施提供的个人身份认证服务。

第五十一条　互联网平台运营者在为国家机关提供服务，参与公共基础设施、公共服务系统建设运维管理，利用公共资源提供服务过程中收集、产生的数据不得用于其他用途。

第五十二条　国务院有关部门履行法定职责需要调取或者访问互联网平台运营者掌握的公共数据、公共信息，应当明确调取或者访问的范围、类型、用途、依据，严格限定在履行法定职责范围内，不得将调取或者访问的公共数据、公共信息用于履行法定职责之外的目的。

互联网平台运营者应当对有关部门调取或者访问公共数据、公共信息予以配合。

第五十三条　大型互联网平台运营者应当通过委托第三方审计方式，每年对平台数据安全情况、平台规则和自身承诺的执行情况、个人信息保护情况、数据开发利用情况等进行年度审计，并披露审计结果。

第五十四条　互联网平台运营者利用人工智能、虚拟现实、深度合成等新技术开展数据处理活动的，应当按照国家有关规定进行安全评估。

第七章　监督管理

第五十五条　国家网信部门负责统筹协调数据安全和相关监督管理工作。

公安机关、国家安全机关等在各自职责范围内承担数据安全监管职责。

工业、电信、交通、金融、自然资源、卫生健康、教育、科技等主管部门承担本行业、本领域数据安全监管职责。

主管部门应当明确本行业、本领域数据安全保护工作机构和人员，编制并组织实施本行业、本领域的数据安全规划和数据安全事件应急预案。

主管部门应当定期组织开展本行业、本领域的数据安全风险评估，对数据处理者履行数据安全保护义务情况进行监督检查，指导督促数据处理者及时对存在的风险隐患进行整改。

第五十六条 国家建立健全数据安全应急处置机制，完善网络安全事件应急预案和网络安全信息共享平台，将数据安全事件纳入国家网络安全事件应急响应机制，加强数据安全信息共享、数据安全风险和威胁监测预警以及数据安全事件应急处置工作。

第五十七条 有关主管、监管部门可以采取以下措施对数据安全进行监督检查：

（一）要求数据处理者相关人员就监督检查事项作出说明；

（二）查阅、调取与数据安全有关的文档、记录；

（三）按照规定程序，利用检测工具或者委托专业机构对数据安全措施运行情况进行技术检测；

（四）核验数据出境类型、范围等；

（五）法律、行政法规、规章规定的其他必要方式。

有关主管、监管部门开展数据安全监督检查，应当客观公正，不得向被检查单位收取费用。在数据安全监督检查中获取的信息只能用于维护数据安全的需要，不得用于其他用途。

数据处理者应当对有关主管、监管部门的数据安全监督检查予以配合，包括对组织运作、技术系统、算法原理、数据处理程序等进行解释说明，开放安全相关数据访问、提供必要技术支持等。

第五十八条 国家建立数据安全审计制度。数据处理者应当委托数据安全审计专业机构定期对其处理个人信息遵守法律、行政法规的情况进行合规审计。

主管、监管部门组织开展对重要数据处理活动的审计，重点审计数据处理者履行法律、行政法规规定的义务等情况。

第五十九条　国家支持相关行业组织按照章程，制定数据安全行为规范，加强行业自律，指导会员加强数据安全保护，提高数据安全保护水平，促进行业健康发展。

国家支持成立个人信息保护行业组织，开展以下活动：

（一）接受个人信息保护投诉举报并进行调查、调解；

（二）向个人提供信息和咨询服务，支持个人依法对损害个人信息权益的行为提起诉讼；

（三）曝光损害个人信息权益的行为，对个人信息保护开展社会监督；

（四）向有关部门反映个人信息保护情况、提供咨询、建议；

（五）违法处理个人信息、侵害众多个人的权益的行为，依法向人民法院提起诉讼。

第八章　法律责任

第六十条　数据处理者不履行第九条、第十条、第十一条、第十二条、第十三条、第十四条、第十五条、第十八条的规定，由有关主管部门责令改正，给予警告，可以并处五万元以上五十万元以下罚款，对直接负责的主管人员和其他直接责任人员可以处一万元以上十万元以下罚款；拒不改正或者导致危害数据安全等严重后果的，处五十万元以上二百万元以下罚款，并可以责令暂停相关业务、停业整顿、吊销相关业务许可证或者吊销营业执照，对直接负责的主管人员和其他直接责任人员处五万元以上二十万元以下罚款。

第六十一条　数据处理者不履行第十九条、第二十条、第二十一条、第二十二条、第二十三条、第二十四条、第二十五条规定的数据安全保护义务的，由有关部门责令改正，给予警告，没收违法所得，对违法处理个人信息的应用程序，责令暂停或者终止提供服务；拒不改正的，并处一百万元以下罚款；对直接负责的主管人员和其他直接责任人员处一万元以上十万元以下罚款。

有前款规定的违法行为，情节严重的，由有关部门责令改正，没收违法所得，并处五千万元以下或者上一年度营业额百分之五以下罚款，并可以责令暂停相关业务或者停业整顿、通报有关主管部门吊销相关业务许可证或者吊销营业执照；对直接负责的主管人员和其他直接责任人员处十万元以上一百万元以下罚款，并可以决定禁止其在一定期限内担任相关企业的董事、监事、高级管理人员和个人信息保护负责人。

第六十二条　数据处理者不履行第二十八条、第二十九条、第三十条、第三十一条、第三十二条、第三十三条规定的数据安全保护义务的，由有关部门责令改正，给予警告，对违法处理重要数据的系统及应用，责令暂停或者终止提供服务；拒不改正的，并处二百万元以下罚款，对直接负责的主管人员和其他直接责任人员处五万元以上二十万元以下罚款。

有前款规定的违法行为，情节严重的，由有关部门责令改正，没收违法所得，并处二百万元以上五百万元以下罚款，并可以责令暂停相关业务或者停业整顿、通报有关主管部门吊销相关业务许可证或者吊销营业执照；对直接负责的主管人员和其他直接责任人员处二十万元以上一百万元以下罚款。

第六十三条　关键信息基础设施运营者违反第三十四条的规定，由有关部门责令改正，依照有关法律、行政法规的规定予以处罚。

第六十四条　数据处理者违反第三十五条、第三十六条、第三十七条、第三十九条第一款、第四十条、第四十二条的规定，由有关部门责令改正，给予警告，暂停数据出境，可以并处十万元以上一百万元以下罚款，对直接负责的主管人员和其他直接责任人员可以处一万元以上十万元以下罚款；情节严重的，处一百万元以上一千万元以下罚款，并可以责令暂停相关业务、停业整顿、吊销相关业务许可证或者吊销营业执照，对直接负责的主管人员和其他直接责任人员处十万元以上一百万元以下罚款。

第六十五条　违反本条例第三十九条第二款的规定，未经主管机关批准向外国司法或者执法机构提供数据的，由有关主管部门给予警告，可以并处十万元以上一百万元以下罚款，对直接负责的主管人员和其他直接责任人员可以处一万元以上十万元以下罚款；造成严重后果的，处一百万元以上五百万元以下罚款，并可以责令暂停相关业务、停业整顿、吊销相关业务许可证或者吊销营业执照，对直接负责的主管人员和其他直接责任人员处五万元以上五十万元以下罚款。

第六十六条　个人和组织违反第四十一条的规定,由有关主管部门责令改正,给予警告、没收违法所得;拒不改正的,处违法所得一倍以上十倍以下的罚款,没有违法所得的,对直接负责的主管人员和其他直接负责人员,处五万元以上五十万元以下罚款;情节严重的,由有关主管部门依照相关法律、行政法规的规定,责令其暂停相关业务、停业整顿、吊销相关业务许可证或者吊销营业执照;构成犯罪的,依照相关法律、行政法规的规定处罚。

第六十七条　互联网平台运营者违反第四十三条、第四十四条、第四十五条、第四十七条、第五十三条的规定,由有关部门责令改正,予以警告;拒不改正,处五十万元以上五百万元以下罚款,对直接负责的主管人员和其他直接负责人员,处五万元以上五十万元以下罚款;情节严重的,可以责令暂停相关业务、停业整顿、关闭网站、吊销相关业务许可证或者吊销营业执照。

第六十八条　互联网平台运营者违反第四十六条、第四十八条、第五十一条的规定,由有关主管部门责令改正,给予警告;拒不改正的,处上一年度销售额百分之一以上百分之五以下的罚款;情节严重的,由有关主管部门依照相关法律、行政法规的规定,责令其暂停相关业务、停业整顿、吊销相关业务许可证或者吊销营业执照;构成犯罪的,依照相关法律、行政法规的规定处罚。

第六十九条　互联网平台运营者违反第四十九条、第五十四条的规定,由有关主管部门责令改正,予以警告;拒不改正,处五万元以上五十万元以下罚款,对直接负责的主管人员和其他直接责任人员处一万元以上十万元以下罚款;情节严重的,可由有关主管部门责令暂停相关业务、停业整顿、关闭网站、吊销相关业务许可证或者吊销营业执照。

第七十条　数据处理者违反本条例规定,给他人造成损害的,依法承担民事责任;构成违反治安管理行为的,依法给予治安管理处罚;构成犯罪的,依法追究刑事责任。

第七十一条　国家机关不履行本法规定的数据安全保护义务的,由其上级机关或者履行数据安全管理职责的部门责令改正;对直接负责的主管人员和其他直接责任人员依法给予处分。

第七十二条　在中华人民共和国境外开展数据处理活动,损害中华人民共和国国家安全、公共利益或者公民、组织合法权益的,依法追究法律责任。

第九章　附　则

第七十三条　本条例下列用语的含义：

（一）网络数据（简称数据）是指任何以电子方式对信息的记录。

（二）数据处理活动是指数据收集、存储、使用、加工、传输、提供、公开、删除等活动。

（三）重要数据是指一旦遭到篡改、破坏、泄露或者非法获取、非法利用，可能危害国家安全、公共利益的数据。包括以下数据：

1. 未公开的政务数据、工作秘密、情报数据和执法司法数据；

2. 出口管制数据，出口管制物项涉及的核心技术、设计方案、生产工艺等相关的数据，密码、生物、电子信息、人工智能等领域对国家安全、经济竞争实力有直接影响的科学技术成果数据；

3. 国家法律、行政法规、部门规章明确规定需要保护或者控制传播的国家经济运行数据、重要行业业务数据、统计数据等；

4. 工业、电信、能源、交通、水利、金融、国防科技工业、海关、税务等重点行业和领域安全生产、运行的数据，关键系统组件、设备供应链数据；

5. 达到国家有关部门规定的规模或者精度的基因、地理、矿产、气象等人口与健康、自然资源与环境国家基础数据；

6. 国家基础设施、关键信息基础设施建设运行及其安全数据，国防设施、军事管理区、国防科研生产单位等重要敏感区域的地理位置、安保情况等数据；

7. 其他可能影响国家政治、国土、军事、经济、文化、社会、科技、生态、资源、核设施、海外利益、生物、太空、极地、深海等安全的数据。

（四）核心数据是指关系国家安全、国民经济命脉、重要民生和重大公共利益等的数据。

（五）数据处理者是指在数据处理活动中自主决定处理目的和处理方式的个人和组织。

（六）公共数据是指国家机关和法律、行政法规授权的具有管理公共事务职能的组织履行公共管理职责或者提供公共服务过程中收集、产生的各类数据，以及其他组织在提供公共服务中收集、产生的涉及公共利益的各类数据。

（七）委托处理是指数据处理者委托第三方按照约定的目的和方式开展的数据处理活动。

（八）单独同意是指数据处理者在开展具体数据处理活动时，对每项个人信息取得个人同意，不包括一次性针对多项个人信息、多种处理活动的同意。

（九）互联网平台运营者是指为用户提供信息发布、社交、交易、支付、视听等互联网平台服务的数据处理者。

（十）大型互联网平台运营者是指用户超过五千万、处理大量个人信息和重要数据、具有强大社会动员能力和市场支配地位的互联网平台运营者。

（十一）数据跨境安全网关是指阻断访问境外反动网站和有害信息、防止来自境外的网络攻击、管控跨境网络数据传输、防范侦查打击跨境网络犯罪的重要安全基础设施。

（十二）公共信息是指数据处理者在提供公共服务过程中收集、产生的具有公共传播特性的信息。包括公开发布信息、可转发信息、无明确接收人信息等。

第七十四条　涉及国家秘密信息、核心数据、密码使用的数据处理活动，按照国家有关规定执行。

第七十五条　本条例自　　年　月　日起施行。

网络安全审查办法

（2021年12月28日）

第一条 为了确保关键信息基础设施供应链安全，保障网络安全和数据安全，维护国家安全，根据《中华人民共和国国家安全法》、《中华人民共和国网络安全法》、《中华人民共和国数据安全法》、《关键信息基础设施安全保护条例》，制定本办法。

第二条 关键信息基础设施运营者采购网络产品和服务，网络平台运营者开展数据处理活动，影响或者可能影响国家安全的，应当按照本办法进行网络安全审查。

前款规定的关键信息基础设施运营者、网络平台运营者统称为当事人。

第三条 网络安全审查坚持防范网络安全风险与促进先进技术应用相结合、过程公正透明与知识产权保护相结合、事前审查与持续监管相结合、企业承诺与社会监督相结合，从产品和服务以及数据处理活动安全性、可能带来的国家安全风险等方面进行审查。

第四条 在中央网络安全和信息化委员会领导下，国家互联网信息办公室会同中华人民共和国国家发展和改革委员会、中华人民共和国工业和信息化部、中华人民共和国公安部、中华人民共和国国家安全部、中华人民共和国财政部、中华人民共和国商务部、中国人民银行、国家市场监督管理总局、国家广播电视总局、中国证券监督管理委员会、国家保密局、国家密码管理局建立国家网络安全审查工作机制。

网络安全审查办公室设在国家互联网信息办公室，负责制定网络安全审查相关制度规范，组织网络安全审查。

第五条 关键信息基础设施运营者采购网络产品和服务的，应当预判该产品和服务投入使用后可能带来的国家安全风险。影响或者可能影响国家安全的，应当向网络安全审查办公室申报网络安全审查。

关键信息基础设施安全保护工作部门可以制定本行业、本领域预判指南。

第六条　对于申报网络安全审查的采购活动，关键信息基础设施运营者应当通过采购文件、协议等要求产品和服务提供者配合网络安全审查，包括承诺不利用提供产品和服务的便利条件非法获取用户数据、非法控制和操纵用户设备，无正当理由不中断产品供应或者必要的技术支持服务等。

第七条　掌握超过100万用户个人信息的网络平台运营者赴国外上市，必须向网络安全审查办公室申报网络安全审查。

第八条　当事人申报网络安全审查，应当提交以下材料：

（一）申报书；

（二）关于影响或者可能影响国家安全的分析报告；

（三）采购文件、协议、拟签订的合同或者拟提交的首次公开募股（IPO）等上市申请文件；

（四）网络安全审查工作需要的其他材料。

第九条　网络安全审查办公室应当自收到符合本办法第八条规定的审查申报材料起10个工作日内，确定是否需要审查并书面通知当事人。

第十条　网络安全审查重点评估相关对象或者情形的以下国家安全风险因素：

（一）产品和服务使用后带来的关键信息基础设施被非法控制、遭受干扰或者破坏的风险；

（二）产品和服务供应中断对关键信息基础设施业务连续性的危害；

（三）产品和服务的安全性、开放性、透明性、来源的多样性，供应渠道的可靠性以及因为政治、外交、贸易等因素导致供应中断的风险；

（四）产品和服务提供者遵守中国法律、行政法规、部门规章情况；

（五）核心数据、重要数据或者大量个人信息被窃取、泄露、毁损以及非法利用、非法出境的风险；

（六）上市存在关键信息基础设施、核心数据、重要数据或者大量个人信息被外国政府影响、控制、恶意利用的风险，以及网络信息安全风险；

（七）其他可能危害关键信息基础设施安全、网络安全和数据安全的因素。

第十一条　网络安全审查办公室认为需要开展网络安全审查的，应当自向当事人发出书面通知之日起30个工作日内完成初步审查，包括形成审查结论建议和将审查结论建议发送网络安全审查工作机制成员单位、相关部门征求意见；情况复杂的，可以延长15个工作日。

第十二条 网络安全审查工作机制成员单位和相关部门应当自收到审查结论建议之日起15个工作日内书面回复意见。

网络安全审查工作机制成员单位、相关部门意见一致的，网络安全审查办公室以书面形式将审查结论通知当事人；意见不一致的，按照特别审查程序处理，并通知当事人。

第十三条 按照特别审查程序处理的，网络安全审查办公室应当听取相关单位和部门意见，进行深入分析评估，再次形成审查结论建议，并征求网络安全审查工作机制成员单位和相关部门意见，按程序报中央网络安全和信息化委员会批准后，形成审查结论并书面通知当事人。

第十四条 特别审查程序一般应当在90个工作日内完成，情况复杂的可以延长。

第十五条 网络安全审查办公室要求提供补充材料的，当事人、产品和服务提供者应当予以配合。提交补充材料的时间不计入审查时间。

第十六条 网络安全审查工作机制成员单位认为影响或者可能影响国家安全的网络产品和服务以及数据处理活动，由网络安全审查办公室按程序报中央网络安全和信息化委员会批准后，依照本办法的规定进行审查。

为了防范风险，当事人应当在审查期间按照网络安全审查要求采取预防和消减风险的措施。

第十七条 参与网络安全审查的相关机构和人员应当严格保护知识产权，对在审查工作中知悉的商业秘密、个人信息，当事人、产品和服务提供者提交的未公开材料，以及其他未公开信息承担保密义务；未经信息提供方同意，不得向无关方披露或者用于审查以外的目的。

第十八条 当事人或者网络产品和服务提供者认为审查人员有失客观公正，或者未能对审查工作中知悉的信息承担保密义务的，可以向网络安全审查办公室或者有关部门举报。

第十九条 当事人应当督促产品和服务提供者履行网络安全审查中作出的承诺。

网络安全审查办公室通过接受举报等形式加强事前事中事后监督。

第二十条 当事人违反本办法规定的，依照《中华人民共和国网络安全法》、《中华人民共和国数据安全法》的规定处理。

第二十一条 本办法所称网络产品和服务主要指核心网络设备、重要通信产品、高性能计算机和服务器、大容量存储设备、大型数据库和应用软件、网络安全设备、云计算服务，以及其他对关键信息基础设施安全、网络安全和数据安全有重要影响的网络产品和服务。

第二十二条 涉及国家秘密信息的，依照国家有关保密规定执行。

国家对数据安全审查、外商投资安全审查另有规定的，应当同时符合其规定。

第二十三条 本办法自2022年2月15日起施行。2020年4月13日公布的《网络安全审查办法》（国家互联网信息办公室、国家发展和改革委员会、工业和信息化部、公安部、国家安全部、财政部、商务部、中国人民银行、国家市场监督管理总局、国家广播电视总局、国家保密局、国家密码管理局令第6号）同时废止。

数据出境安全评估办法

（2022年7月7日）

第一条　为了规范数据出境活动，保护个人信息权益，维护国家安全和社会公共利益，促进数据跨境安全、自由流动，根据《中华人民共和国网络安全法》《中华人民共和国数据安全法》《中华人民共和国个人信息保护法》等法律法规，制定本办法。

第二条　数据处理者向境外提供在中华人民共和国境内运营中收集和产生的重要数据和个人信息的安全评估，适用本办法。法律、行政法规另有规定的，依照其规定。

第三条　数据出境安全评估坚持事前评估和持续监督相结合、风险自评估与安全评估相结合，防范数据出境安全风险，保障数据依法有序自由流动。

第四条　数据处理者向境外提供数据，有下列情形之一的，应当通过所在地省级网信部门向国家网信部门申报数据出境安全评估：

（一）数据处理者向境外提供重要数据；

（二）关键信息基础设施运营者和处理100万人以上个人信息的数据处理者向境外提供个人信息；

（三）自上年1月1日起累计向境外提供10万人个人信息或者1万人敏感个人信息的数据处理者向境外提供个人信息；

（四）国家网信部门规定的其他需要申报数据出境安全评估的情形。

第五条　数据处理者在申报数据出境安全评估前，应当开展数据出境风险自评估，重点评估以下事项：

（一）数据出境和境外接收方处理数据的目的、范围、方式等的合法性、正当性、必要性；

（二）出境数据的规模、范围、种类、敏感程度，数据出境可能对国家安全、公共利益、个人或者组织合法权益带来的风险；

（三）境外接收方承诺承担的责任义务，以及履行责任义务的管理和技术措施、能力等能否保障出境数据的安全；

（四）数据出境中和出境后遭到篡改、破坏、泄露、丢失、转移或者被非法获取、非法利用等的风险，个人信息权益维护的渠道是否通畅等；

（五）与境外接收方拟订立的数据出境相关合同或者其他具有法律效力的文件等（以下统称法律文件）是否充分约定了数据安全保护责任义务；

（六）其他可能影响数据出境安全的事项。

第六条 申报数据出境安全评估，应当提交以下材料：

（一）申报书；

（二）数据出境风险自评估报告；

（三）数据处理者与境外接收方拟订立的法律文件；

（四）安全评估工作需要的其他材料。

第七条 省级网信部门应当自收到申报材料之日起5个工作日内完成完备性查验。申报材料齐全的，将申报材料报送国家网信部门；申报材料不齐全的，应当退回数据处理者并一次性告知需要补充的材料。

国家网信部门应当自收到申报材料之日起7个工作日内，确定是否受理并书面通知数据处理者。

第八条 数据出境安全评估重点评估数据出境活动可能对国家安全、公共利益、个人或者组织合法权益带来的风险，主要包括以下事项：

（一）数据出境的目的、范围、方式等的合法性、正当性、必要性；

（二）境外接收方所在国家或者地区的数据安全保护政策法规和网络安全环境对出境数据安全的影响；境外接收方的数据保护水平是否达到中华人民共和国法律、行政法规的规定和强制性国家标准的要求；

（三）出境数据的规模、范围、种类、敏感程度，出境中和出境后遭到篡改、破坏、泄露、丢失、转移或者被非法获取、非法利用等的风险；

（四）数据安全和个人信息权益是否能够得到充分有效保障；

（五）数据处理者与境外接收方拟订立的法律文件中是否充分约定了数据安全保护责任义务；

（六）遵守中国法律、行政法规、部门规章情况；

（七）国家网信部门认为需要评估的其他事项。

第九条 数据处理者应当在与境外接收方订立的法律文件中明确约定数据安全保护责任义务，至少包括以下内容：

（一）数据出境的目的、方式和数据范围，境外接收方处理数据的用途、方式等；

（二）数据在境外保存地点、期限，以及达到保存期限、完成约定目的或者法律文件终止后出境数据的处理措施；

（三）对于境外接收方将出境数据再转移给其他组织、个人的约束性要求；

（四）境外接收方在实际控制权或者经营范围发生实质性变化，或者所在国家、地区数据安全保护政策法规和网络安全环境发生变化以及发生其他不可抗力情形导致难以保障数据安全时，应当采取的安全措施；

（五）违反法律文件约定的数据安全保护义务的补救措施、违约责任和争议解决方式；

（六）出境数据遭到篡改、破坏、泄露、丢失、转移或者被非法获取、非法利用等风险时，妥善开展应急处置的要求和保障个人维护其个人信息权益的途径和方式。

第十条 国家网信部门受理申报后，根据申报情况组织国务院有关部门、省级网信部门、专门机构等进行安全评估。

第十一条 安全评估过程中，发现数据处理者提交的申报材料不符合要求的，国家网信部门可以要求其补充或者更正。数据处理者无正当理由不补充或者更正的，国家网信部门可以终止安全评估。

数据处理者对所提交材料的真实性负责，故意提交虚假材料的，按照评估不通过处理，并依法追究相应法律责任。

第十二条 国家网信部门应当自向数据处理者发出书面受理通知书之日起45个工作日内完成数据出境安全评估；情况复杂或者需要补充、更正材料的，可以适当延长并告知数据处理者预计延长的时间。

评估结果应当书面通知数据处理者。

第十三条 数据处理者对评估结果有异议的，可以在收到评估结果15个工作日内向国家网信部门申请复评，复评结果为最终结论。

第十四条 通过数据出境安全评估的结果有效期为2年，自评估结果出具之日起计算。在有效期内出现以下情形之一的，数据处理者应当重新申报评估：

（一）向境外提供数据的目的、方式、范围、种类和境外接收方处理数据的用途、方式发生变化影响出境数据安全的，或者延长个人信息和重要数据境外保存期限的；

（二）境外接收方所在国家或者地区数据安全保护政策法规和网络安全环境发生变化以及发生其他不可抗力情形、数据处理者或者境外接收方实际控制权发生变化、数据处理者与境外接收方法律文件变更等影响出境数据安全的；

（三）出现影响出境数据安全的其他情形。

有效期届满，需要继续开展数据出境活动的，数据处理者应当在有效期届满60个工作日前重新申报评估。

第十五条 参与安全评估工作的相关机构和人员对在履行职责中知悉的国家秘密、个人隐私、个人信息、商业秘密、保密商务信息等数据应当依法予以保密，不得泄露或者非法向他人提供、非法使用。

第十六条 任何组织和个人发现数据处理者违反本办法向境外提供数据的，可以向省级以上网信部门举报。

第十七条 国家网信部门发现已经通过评估的数据出境活动在实际处理过程中不再符合数据出境安全管理要求的，应当书面通知数据处理者终止数据出境活动。数据处理者需要继续开展数据出境活动的，应当按照要求整改，整改完成后重新申报评估。

第十八条 违反本办法规定的，依据《中华人民共和国网络安全法》、《中华人民共和国数据安全法》、《中华人民共和国个人信息保护法》等法律法规处理；构成犯罪的，依法追究刑事责任。

第十九条 本办法所称重要数据，是指一旦遭到篡改、破坏、泄露或者非法获取、非法利用等，可能危害国家安全、经济运行、社会稳定、公共健康和安全等的数据。

第二十条 本办法自2022年9月1日起施行。本办法施行前已经开展的数据出境活动，不符合本办法规定的，应当自本办法施行之日起6个月内完成整改。

互联网信息服务算法推荐管理规定

（2021年12月31日）

第一章　总　则

第一条　为了规范互联网信息服务算法推荐活动，弘扬社会主义核心价值观，维护国家安全和社会公共利益，保护公民、法人和其他组织的合法权益，促进互联网信息服务健康有序发展，根据《中华人民共和国网络安全法》、《中华人民共和国数据安全法》、《中华人民共和国个人信息保护法》、《互联网信息服务管理办法》等法律、行政法规，制定本规定。

第二条　在中华人民共和国境内应用算法推荐技术提供互联网信息服务（以下简称算法推荐服务），适用本规定。法律、行政法规另有规定的，依照其规定。

前款所称应用算法推荐技术，是指利用生成合成类、个性化推送类、排序精选类、检索过滤类、调度决策类等算法技术向用户提供信息。

第三条　国家网信部门负责统筹协调全国算法推荐服务治理和相关监督管理工作。国务院电信、公安、市场监管等有关部门依据各自职责负责算法推荐服务监督管理工作。

地方网信部门负责统筹协调本行政区域内的算法推荐服务治理和相关监督管理工作。地方电信、公安、市场监管等有关部门依据各自职责负责本行政区域内的算法推荐服务监督管理工作。

第四条　提供算法推荐服务，应当遵守法律法规，尊重社会公德和伦理，遵守商业道德和职业道德，遵循公正公平、公开透明、科学合理和诚实信用的原则。

第五条　鼓励相关行业组织加强行业自律，建立健全行业标准、行业准则和自律管理制度，督促指导算法推荐服务提供者制定完善服务规范、依法提供服务并接受社会监督。

第二章 信息服务规范

第六条 算法推荐服务提供者应当坚持主流价值导向，优化算法推荐服务机制，积极传播正能量，促进算法应用向上向善。

算法推荐服务提供者不得利用算法推荐服务从事危害国家安全和社会公共利益、扰乱经济秩序和社会秩序、侵犯他人合法权益等法律、行政法规禁止的活动，不得利用算法推荐服务传播法律、行政法规禁止的信息，应当采取措施防范和抵制传播不良信息。

第七条 算法推荐服务提供者应当落实算法安全主体责任，建立健全算法机制机理审核、科技伦理审查、用户注册、信息发布审核、数据安全和个人信息保护、反电信网络诈骗、安全评估监测、安全事件应急处置等管理制度和技术措施，制定并公开算法推荐服务相关规则，配备与算法推荐服务规模相适应的专业人员和技术支撑。

第八条 算法推荐服务提供者应当定期审核、评估、验证算法机制机理、模型、数据和应用结果等，不得设置诱导用户沉迷、过度消费等违反法律法规或者违背伦理道德的算法模型。

第九条 算法推荐服务提供者应当加强信息安全管理，建立健全用于识别违法和不良信息的特征库，完善入库标准、规则和程序。发现未作显著标识的算法生成合成信息的，应当作出显著标识后，方可继续传输。

发现违法信息的，应当立即停止传输，采取消除等处置措施，防止信息扩散，保存有关记录，并向网信部门和有关部门报告。发现不良信息的，应当按照网络信息内容生态治理有关规定予以处置。

第十条 算法推荐服务提供者应当加强用户模型和用户标签管理，完善记入用户模型的兴趣点规则和用户标签管理规则，不得将违法和不良信息关键词记入用户兴趣点或者作为用户标签并据以推送信息。

第十一条 算法推荐服务提供者应当加强算法推荐服务版面页面生态管理，建立完善人工干预和用户自主选择机制，在首页首屏、热搜、精选、榜单类、弹窗等重点环节积极呈现符合主流价值导向的信息。

第十二条 鼓励算法推荐服务提供者综合运用内容去重、打散干预等策略，并优化检索、排序、选择、推送、展示等规则的透明度和可解释性，避免对用户产生不良影响，预防和减少争议纠纷。

第十三条　算法推荐服务提供者提供互联网新闻信息服务的，应当依法取得互联网新闻信息服务许可，规范开展互联网新闻信息采编发布服务、转载服务和传播平台服务，不得生成合成虚假新闻信息，不得传播非国家规定范围内的单位发布的新闻信息。

第十四条　算法推荐服务提供者不得利用算法虚假注册账号、非法交易账号、操纵用户账号或者虚假点赞、评论、转发，不得利用算法屏蔽信息、过度推荐、操纵榜单或者检索结果排序、控制热搜或者精选等干预信息呈现，实施影响网络舆论或者规避监督管理行为。

第十五条　算法推荐服务提供者不得利用算法对其他互联网信息服务提供者进行不合理限制，或者妨碍、破坏其合法提供的互联网信息服务正常运行，实施垄断和不正当竞争行为。

第三章　用户权益保护

第十六条　算法推荐服务提供者应当以显著方式告知用户其提供算法推荐服务的情况，并以适当方式公示算法推荐服务的基本原理、目的意图和主要运行机制等。

第十七条　算法推荐服务提供者应当向用户提供不针对其个人特征的选项，或者向用户提供便捷的关闭算法推荐服务的选项。用户选择关闭算法推荐服务的，算法推荐服务提供者应当立即停止提供相关服务。

算法推荐服务提供者应当向用户提供选择或者删除用于算法推荐服务的针对其个人特征的用户标签的功能。

算法推荐服务提供者应用算法对用户权益造成重大影响的，应当依法予以说明并承担相应责任。

第十八条　算法推荐服务提供者向未成年人提供服务的，应当依法履行未成年人网络保护义务，并通过开发适合未成年人使用的模式、提供适合未成年人特点的服务等方式，便利未成年人获取有益身心健康的信息。

算法推荐服务提供者不得向未成年人推送可能引发未成年人模仿不安全行为和违反社会公德行为、诱导未成年人不良嗜好等可能影响未成年人身心健康的信息，不得利用算法推荐服务诱导未成年人沉迷网络。

第十九条　算法推荐服务提供者向老年人提供服务的，应当保障老年人依法享有的权益，充分考虑老年人出行、就医、消费、办事等需求，按照国家有关规定提供智能化适老服务，依法开展涉电信网络诈骗信息的监测、识别和处置，便利老年人安全使用算法推荐服务。

第二十条　算法推荐服务提供者向劳动者提供工作调度服务的，应当保护劳动者取得劳动报酬、休息休假等合法权益，建立完善平台订单分配、报酬构成及支付、工作时间、奖惩等相关算法。

第二十一条　算法推荐服务提供者向消费者销售商品或者提供服务的，应当保护消费者公平交易的权利，不得根据消费者的偏好、交易习惯等特征，利用算法在交易价格等交易条件上实施不合理的差别待遇等违法行为。

第二十二条　算法推荐服务提供者应当设置便捷有效的用户申诉和公众投诉、举报入口，明确处理流程和反馈时限，及时受理、处理并反馈处理结果。

第四章　监督管理

第二十三条　网信部门会同电信、公安、市场监管等有关部门建立算法分级分类安全管理制度，根据算法推荐服务的舆论属性或者社会动员能力、内容类别、用户规模、算法推荐技术处理的数据重要程度、对用户行为的干预程度等对算法推荐服务提供者实施分级分类管理。

第二十四条　具有舆论属性或者社会动员能力的算法推荐服务提供者应当在提供服务之日起十个工作日内通过互联网信息服务算法备案系统填报服务提供者的名称、服务形式、应用领域、算法类型、算法自评估报告、拟公示内容等信息，履行备案手续。

算法推荐服务提供者的备案信息发生变更的，应当在变更之日起十个工作日内办理变更手续。

算法推荐服务提供者终止服务的，应当在终止服务之日起二十个工作日内办理注销备案手续，并作出妥善安排。

第二十五条 国家和省、自治区、直辖市网信部门收到备案人提交的备案材料后，材料齐全的，应当在三十个工作日内予以备案，发放备案编号并进行公示；材料不齐全的，不予备案，并应当在三十个工作日内通知备案人并说明理由。

第二十六条 完成备案的算法推荐服务提供者应当在其对外提供服务的网站、应用程序等的显著位置标明其备案编号并提供公示信息链接。

第二十七条 具有舆论属性或者社会动员能力的算法推荐服务提供者应当按照国家有关规定开展安全评估。

第二十八条 网信部门会同电信、公安、市场监管等有关部门对算法推荐服务依法开展安全评估和监督检查工作，对发现的问题及时提出整改意见并限期整改。

算法推荐服务提供者应当依法留存网络日志，配合网信部门和电信、公安、市场监管等有关部门开展安全评估和监督检查工作，并提供必要的技术、数据等支持和协助。

第二十九条 参与算法推荐服务安全评估和监督检查的相关机构和人员对在履行职责中知悉的个人隐私、个人信息和商业秘密应当依法予以保密，不得泄露或者非法向他人提供。

第三十条 任何组织和个人发现违反本规定行为的，可以向网信部门和有关部门投诉、举报。收到投诉、举报的部门应当及时依法处理。

第五章 法律责任

第三十一条 算法推荐服务提供者违反本规定第七条、第八条、第九条第一款、第十条、第十四条、第十六条、第十七条、第二十二条、第二十四条、第二十六条规定，法律、行政法规有规定的，依照其规定；法律、行政法规没有规定的，由网信部门和电信、公安、市场监管等有关部门依据职责给予警告、通报批评，责令限期改正；拒不改正或者情节严重的，责令暂停信息更新，并处一万元以上十万元以下罚款。构成违反治安管理行为的，依法给予治安管理处罚；构成犯罪的，依法追究刑事责任。

第三十二条 算法推荐服务提供者违反本规定第六条、第九条第二款、第十一条、第十三条、第十五条、第十八条、第十九条、第二十条、第二十一条、第二十七条、第二十八条第二款规定的,由网信部门和电信、公安、市场监管等有关部门依据职责,按照有关法律、行政法规和部门规章的规定予以处理。

第三十三条 具有舆论属性或者社会动员能力的算法推荐服务提供者通过隐瞒有关情况、提供虚假材料等不正当手段取得备案的,由国家和省、自治区、直辖市网信部门予以撤销备案,给予警告、通报批评;情节严重的,责令暂停信息更新,并处一万元以上十万元以下罚款。

具有舆论属性或者社会动员能力的算法推荐服务提供者终止服务未按照本规定第二十四条第三款要求办理注销备案手续,或者发生严重违法情形受到责令关闭网站、吊销相关业务许可证或者吊销营业执照等行政处罚的,由国家和省、自治区、直辖市网信部门予以注销备案。

第六章 附 则

第三十四条 本规定由国家互联网信息办公室会同工业和信息化部、公安部、国家市场监督管理总局负责解释。

第三十五条 本规定自2022年3月1日起施行。

后　记

当前，世界百年未有之大变局加速演进，世界之变、时代之变、历史之变正以前所未有的方式展开。党的二十大报告着眼于信息革命的发展大势和时代潮流，对网络强国建设做出一系列新论断、新部署、新要求，网信事业发展面临着宝贵的历史机遇和广阔的发展前景，在实现第二个百年奋斗目标的新征程中进入了新发展阶段。我们希望通过《中国互联网发展报告·网络安全篇（2017—2022）》（以下简称《报告》），深入宣传阐释习近平新时代中国特色社会主义思想特别是习近平总书记关于网络强国的重要思想，全面展现中国网络安全发展状况，系统总结中国网络安全发展经验，科学展望中国网络安全发展前景，更好地推动中国互联网发展。我们也希望通过问道中国网络安全建设，为世界各国筑牢网络安全屏障介绍经验、贡献智慧。

《报告》的编撰是一项系统性的工作，由中国网络空间研究院组织，网络安全研究所负责撰写、编审、出版等具体任务。参与人员主要包括夏学平、宣兴章、李颖新、钱贤良、刘颖、姜伟、王海龙、孟庆顺、赵高华、宋首友、吴巍、林浩、王普、张璨、翟优、邓珏霜、蔡杨；方滨兴、贾焰、张力、李建华、张宏莉、田志宏、李凤华、刘吉强、李海生、翟立东、牛犇、严寒冰、王小群、闫寒等专家学者在编写过程中提出了宝贵意见。

《报告》的顺利出版也离不开社会各界的大力支持和帮助，但鉴于编者的研究水平、工作经验和编写时间有限，《报告》难免存在疏漏和不足之处。为此，我们殷切希望国内外政府部门、国际组织、科研院所、互联网企业、社会团体等各界组织和人士对《报告》提出宝贵的意见和建议，以便我们在今后工作中改进完善。

中国网络空间研究院
2023年11月